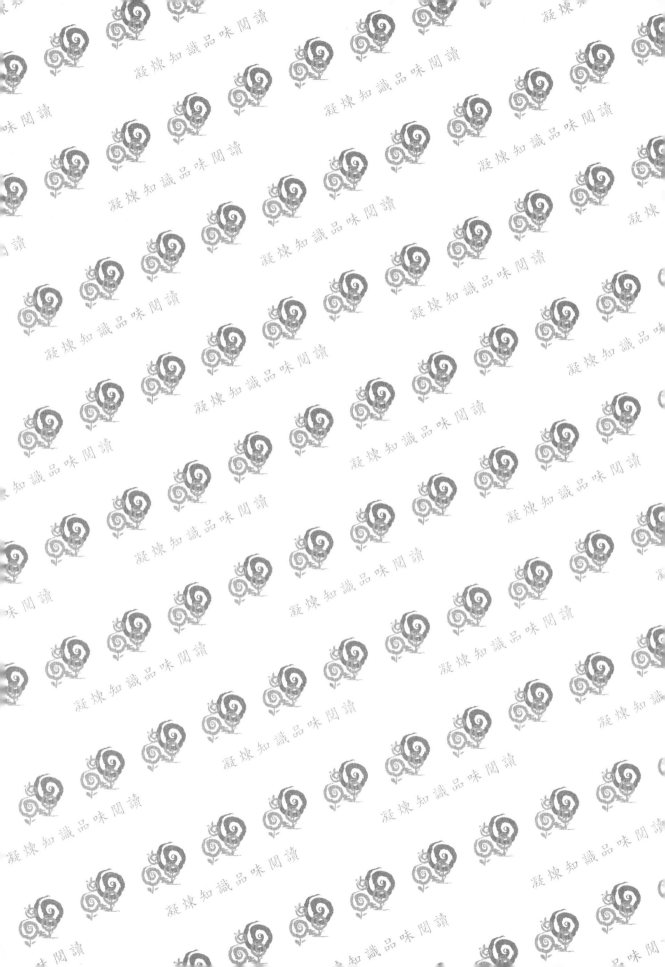

健康
園藝學

園藝治療、園藝福祉
農業療育、綠色照顧

張育森、吳俊偉、雷家芸 編著

五南圖書出版公司 印行

（依照姓氏筆畫順序）

李伯璋博士（衛福部中央健康保險署署長、國立成功大學醫學院外科教授）

　　個人非常贊同書中所闡述的，「園藝」和「健康」有非常密切的關係。園藝是一門綜合的課程，包含了科學、農學、經濟和美學，近十幾年來，園藝也跟心理、醫療相關，透過園藝活動可以讓人充分感受身心靈的愉悅，早在魏晉時代的陶淵明，「採菊東籬下，悠然見南山」就是最佳例證。書中從理論到實務，淺顯易懂，相信可以讓所有愛好且親近園藝的讀者們獲得許多啟發，說不定也能從中體會佛家所云「一花一世界，一葉一如來」的奧意。

李樹華博士（清華大學建築學院景觀學系教授、綠色療法與康養景觀研究中心主任、亞洲園藝療法聯盟主席）

　　《健康園藝學》將健康園藝從理論到實務，包括核心知識、認識植物、體驗植物、栽培植物、綜合應用，最後提出具體措施作為實際行動推廣健康園藝。大作高屋建瓴、深入淺出、圖文並茂、實用與趣味性強。本書的出版，必將對於海峽兩岸、乃至華人世界的園藝療法、園藝福祉、綠色照顧、環境教育以及健康園藝等領域發揮巨大的推進作用。

沈瑞琳老師（綠色療癒力學院院長、台灣園藝福祉推廣協會副理事長、高級園藝治療師 HTM）

　　本書作者張育森教授，是位溫文儒雅的學者，更是推動臺灣「健康園藝」與人才培訓的重要推手，接任台灣園藝福祉推廣協會理事長一職，一路創新發展，讓艱深的園藝學，成了不分男女老少，皆可享受其中趣味的通俗知識，這份功力在此書中完整呈現。您若想要一窺「園藝」知識與「園藝」如何生活化，在《健康園藝學》一書中，除可接收張教授飽讀詩書的內涵底蘊，還可見他親和良善的同理修為，讓

知識不再只是知識，而是生命間互動的溫度，一種可以與人分享，並輕鬆傳遞愉悅感知，進而獲得身心靈的健康促進。

胡峰賓律師（消費者文教基金會執行董事暨消費者報導雜誌發行人、國立臺灣大學法律所博士）

能夠來參與推薦這本《健康園藝學》是個人的榮幸！我也要將本書給我父親參閱，他是讓我見證健康園藝的例子：當初家父眼中風，也就是視網膜血管阻塞，經醫療診治後奇蹟恢復許多視力，癒後身體安康，但心情仍鬱悶；後來參與園藝活動，整個人精神煥發起來！醫學與園藝相輔相成，這事例也讓我想來研習園藝，體會由植物的生命來照顧人類的生命，體驗園藝療癒的神奇力量。

曹幸之博士（國立臺灣大學園藝暨景觀學系退休教授、蔬菜學與園藝治療專家）

二十多年前臺灣開始注意園藝治療，近十餘年更進行了不少研究及實務發展。恭喜育森老師新書出版！我讀了作者自序，瀏覽了全書，感覺這是一本內容豐富、從學理到體驗與行動至健康都全備的大作！同時也將「園藝治療」的領域擴大到全民適用的「健康園藝」，希望本書的發行可以讓更多人享受園藝的好處，增進健康和幸福！

陳吉仲博士（行政院農業委員會主任委員、國立中興大學特聘教授）

張育森教授致力於園藝教學研究多年，近年更大力推動「健康園藝」課程，書中闡述人與自然的關係，而現代人在壓力的包圍下，那份和自然的連結漸漸淡化了，或許「健康園藝」為「綠色照顧」開了一扇窗，透過健康園藝讓長者瞭解樂活養生之道，豐富五感新體驗，讓農村社區的長者，更自在更健康有活力的享受幸福快樂銀髮生活。本書《健康園藝學》從健康園藝的核心觀念深入淺出地將理論和實務應用，不僅希望每一位讀者對於園藝有新的認識，也邀讀者用「心」體驗健康園藝帶來自然與身心的和諧。

張滋佳老師（中華盆花發展協會榮譽理事長、嘉澍花藝設計工作坊負責人、園藝治療師、健康園藝師）

認識育森老師多年，近幾年因為健康園藝課程與活動的合作，再次認識不一樣的張育森老師。「健康園藝」是一個大家不陌生，卻又不太理解的新領域，這一次透過《健康園藝學》的出版，讓很多人就可以去理解園藝治療、園藝福祉、農業療育以及綠色照顧各自不同的功能以及推廣的方向。更希望透過這本書讓更多人理解健康是自己的，大自然是愛我們的；且讓我們珍惜自然界給我們的資源轉換成我們可以應用的能量，將大自然的愛擴散，讓我們的身心更健康。本書是讓初學者可以一目瞭然於「健康園藝」的常識，更可以讓執行「健康園藝」活動者明確執行方向的一本好書。

葉德銘博士（國立臺灣大學園藝暨景觀學系主任、國立臺灣大學農業試驗場場長）

育森教授不僅是本系之光，目前也身兼台灣園藝學會和台灣園藝福祉推廣協會理事長，熱心推廣園藝相關活動。忙碌的現代人多苦於壓力與焦慮，除了醫藥之外，親近自然、園藝，能療癒身心靈，享受優質健康的人生！相信《健康園藝學》的出版，可以讓更多人認識園藝的益處，增進園藝產業的發展。

黃盛璘老師（臺灣園藝輔助治療協會創會理事長、高級園藝治療師HTM）

照顧與觀察另一個生命，能幫助我們面對自身的生命瓶頸，「園藝治療」和「健康園藝」的目的，便在於利用園藝活動發揮植物的療癒力，促進人們身、心、靈的健康。我一向主張「每位園藝治療師手上都要有一百個教案」！這本《健康園藝學》真是集「園藝」與「健康」關係之大成，絕對可成為一門學問的一本書！站在園藝治療師之立場來看，好多書裡面介紹的植物和知識，都可拿來編成對人們有幫助的教案。相信無論是對高齡長輩、身心壓力者，或者一般民眾，都能由此獲得多面向的助益。

盧虎生博士（國立臺灣大學生物資源暨農學院院長、國立臺灣大學農藝學系教授）

　　聖經創世紀第一章裡，神創造了「伊甸園」，園子內生長著各項蔬果與樹木，除了做糧食、更能「悅人眼目」。久而久之，人們工作忙碌，大多數人對伊甸園只剩下了憧憬……。育森老師這本《健康園藝學》新書，涵蓋園藝核心的理念、培育、養生與療癒，文字間讓讀者重回伊甸，優游於蔬果園藝情境中，體會身心健康的美好喔！

園藝療育　連結自然與人類的和諧

　　臺灣將於 2025 年邁入超高齡社會，這般現象在農村社會又顯得更加急遽，如何建構友善的照顧社會，並讓忙碌的人們與自然共處，是我們的重要課題。農委會 2019 年因應農村的高齡化，針對全臺農漁會研議並推動了「綠色照顧」計畫，運用農村再生十年來長期深耕的量能，希望藉由農村友善環境改善從而妥適照顧每一位農村的長者。也正是這樣的契機，2020 年本會在張育森教授與園藝福祉協會的協助下，辦理了「綠色照顧站」種子教師培訓，希望將綠色照顧的種子深耕在農村社區。

　　張育森教授致力於園藝教學研究多年，近年更大力推動「健康園藝」課程，書中闡述人與自然的關係，昔日人們在自然的環境下生長，日出而作日入而息，隨著四季節氣耕作，而現代人在壓力的包圍下，那份和自然的連結漸漸淡化了，或許「健康園藝」為「綠色照顧」開了一扇窗，透過健康園藝讓長者暸解樂活養生之道，豐富五感新體驗，讓農村社區的長者辛勞了大半輩子，更自在更健康有活力的享受幸福快樂銀髮生活。

　　閱覽張育森教授、吳俊偉博士和雷家芸老師共同合著的《健康園藝學》，書中從「健康園藝」的核心觀念深入淺出地將理論和實務應用，系統化的呈現園藝的內涵，不僅希望每一位讀者對於園藝有新的認識，也邀讀者用「心」體驗健康園藝帶來自然與身心的和諧。

行政院農業委員會　主任委員

健康園藝，樂活養生

　　臺灣大學園藝暨景觀學系張育森教授編著《健康園藝學》乙書，囑我爲其寫推薦序。個人自覺才疏學淺，有道是「隔行如隔山，術業有專攻」，對於園藝領域並沒有太多涉獵，頂多利用公務繁忙之餘暇，爲窗臺邊的幾盆花草施肥澆水，談不上專業，謹能貢獻一些個人的經驗分享罷了。

　　個人非常贊同張教授在書中所闡述的，「園藝」和「健康」有非常密切的關係。人類是自然生態系裡的一個角色，我們除了藉由種植蔬果和農作物作爲食物外，更透過觀察大自然的變化與四季的更替，從實際栽培與觀察植物的成長，例如春天萬物甦醒，百花齊放，瞭解到一草一本的生長能量，進而體會生命的喜悅與奧祕。因此，園藝是一門綜合的課程，包含了科學、農學、經濟和美學，近十幾年來，園藝也跟心理、醫療相關，透過園藝活動可以讓人充分感受身心靈的愉悅，早在魏晉時代的陶淵明，「採菊東籬下，悠然見南山」就是最佳例證。

　　身兼臺灣園藝福祉推廣協會理事長的張教授，近年來更積極推廣「健康園藝」的活動，依據它的療癒效能可達到休養、保養及療養等三種不同層次的功能，最常見的是園藝可以幫助人放鬆心情、紓解壓力，其次是園藝可以讓人提升幸福感及生活品質，甚至以植物爲媒介，透過園藝治療可以促進個體身心與精神上的自我療癒，進而恢復健康。換言之，健康園藝可幫助一般人樂活養生，還可用來協助亞健康或病患，達到增進健康的效果。

　　2011 年我接掌衛福部臺南醫院，上任後發現醫院廢棄的院長宿舍，因長期閒置而逐漸變成廢墟，庭院裡堆滿了垃圾，雜草叢生，環境相當髒亂，於是我請工人將整個院區修葺整理，並重新種上花草及裝置可供休憩的座椅，整個周遭環境全都煥然一新，不僅讓同仁工作心情大好，連鄰近住家的歐巴桑都經常前往做晨運，一到傍晚還經常坐在椅上欣賞成排椰子樹後面的落日和晚霞，其中一位歐巴桑當年甚至捐 200 萬元給臺南醫院，表達謝意。

　　如今，我擔任健保署長，寄寓於臺北的職務宿舍，前後窗臺都種了幾盆花木，包括俗稱「日本竹」的油點木，還有無刺麒麟花、七里香、九重葛及金桔等，每當坐在書房往外看，日本竹的葉子疊疊翠翠，彷彿就坐在竹林中享受片刻的悠閒。另

外，在信義路的健保大樓前，我和同仁合力栽種了一排九重葛，每當紅花盛開之際，總是吸引路人佇足拍照，像是一幅美麗的風景。

　　個人翻閱張教授、吳俊偉博士和雷家芸老師共同合著《健康園藝學》的初稿，書中從理論到實務，淺顯易懂，相信可以讓所有愛好且親近園藝的讀者們獲得許多啟發，說不定也能從中體會佛家所云「一花一世界，一葉一如來」的奧意。

李伯璋

中央健康保險署署長
成大醫學院外科教授

從園藝療法，到園藝福祉，再到健康園藝

——寫在《健康園藝學》出版之際

　　2017 年 1 月中旬，我被邀前往寶島臺灣在「林園療癒暨園藝福祉國際研討會」上作〈大陸園藝療法之科學研究〉主題報告時，在臺北第一次見到仰慕已久的臺灣大學園藝暨景觀學系教授張育森博士。也許都是在中華文化薰陶下成長、都從事與園藝植物相關的教學研究工作的緣故，我們大有一見如故、相見恨晚之感。隨著以後數年來多次相互往來於海峽兩岸交流，我與張教授發展成為兄弟般的學術摯友，話題增多，感情加深，相互勉勵，共同為兩岸園藝療法與園林康養事業的發展貢獻力量。

　　張教授自從 2010 年開始從事園藝療法教研以來，工作重點內容先後經歷了園藝療育、樂活養生園藝、園藝福祉以及健康園藝數個階段。該推移過程，不僅應合了當今老齡化社會的發展需求，也顯示了園藝療法在臺灣逐漸從歐美式的治療園藝面向，逐漸與中華文化相結合的健康園藝的本土化方向發展，同時也與張教授在觀賞園藝、造園、蔬菜果樹以及茶學等相關領域所具備的廣闊深厚專業知識不無關係。

　　由張育森教授、吳俊偉博士、雷家芸老師合力編著的《健康園藝學》，將健康園藝從理論到實務，包括核心知識、認識植物、體驗植物、栽培植物、綜合應用，最後提出具體措施作為實際行動推廣健康園藝。大作高屋建瓴、深入淺出、圖文並茂、實用與趣味性強。它的出版，必將對於海峽兩岸、乃至華人世界的園藝療法、園藝福祉、綠色照顧、環境教育以及健康園藝等領域發揮巨大的推進作用。

日本京都大學（農學）博士
清華大學建築學院景觀學系教授、博導
清華大學建築學院綠色療法與康養景觀研究中心主任
中國風景園林學會園林康養與園藝療法專委會主任

自然、園藝不止滋養人類，更是正能量的精神糧食

親近自然、於日常生活中注入園藝活動，是作為全人型健康社會的處方箋；除了豐富生活，更是身心靈的健康促進法則。「園藝」為人們帶來美好且正向量能的提升，更是連接人與人之間關係友好的媒介。

為何現代人，對於來自自然的美好能量更加渴望？因為，回到自然裡或結交植物的朋友，可以讓塵封已久的五官七感重新活化，找回自己與自然連結的本能，啟動自我療癒力，這何其珍貴啊！

園藝與自然不止滋養了人類，更是現今社會高度發展下，可紓緩人內在的壓力，並提升內省智慧，對生命有了重新覺醒的契機。近 10 多年來，「園藝治療」與「園藝福祉」在臺灣蓬勃發展，服務很多不同族群，推動生活中實踐預防醫學，讓健康者持續健康，亞健康者趨向健康，有助提升國家競爭力與健康福祉。

我在臺灣推動園藝治療 10 多年來，看到無數因「園藝」而療癒的生命故事，也相識了志同道合的跨領域專家。本書作者張育森教授，是位溫文儒雅的學者，更是推動臺灣「健康園藝」與人才培訓的重要推手，接任台灣園藝福祉推廣協會理事長一職，一路創新發展，讓艱深的園藝學，成了不分男女老少，皆可享受其中趣味的通俗知識，這份功力在此書中完整呈現，您若想要一窺「園藝」知識與「園藝」如何生活化，在《健康園藝學》一書中，除可接收張教授飽讀詩書的內涵底蘊，還可見他親和良善的同理修為，讓知識不再只是知識，而是生命間互動的溫度，一種可以與人分享，並輕鬆傳遞愉悅感知，進而獲得身心靈的健康促進。

邀請您，一起因為遇見「園藝」而持續「健康」。

沈瑞琳

綠色療癒力學院　院長
台灣園藝福祉推廣協會　副理事長
台灣綠色養生學會　理事

作者自序

健康園藝的學思之旅

　　現代人工作、生活壓力大，加上高齡社會的來臨，尤其當前又面臨新冠病毒疫情肆虐，因此如何紓壓益康、活躍老化、增進身心平衡、提升免疫力，成了現今世界重要的議題。

　　筆者研習園藝多年，之前只覺得「園藝」是「好吃、好玩」的有趣事物，並不覺得「園藝」跟「健康」有明顯的關係。直到 2007 年，個人兼職臺大山地農場任內，榮獲「全國十大傑出農業專家」（國際同濟會主辦），隨團赴中國大陸雲南參訪，於麗江的玉龍雪山罹患高山症、急性自律神經失調；之後 2～3 年間，經常遭受無端焦慮、精神不濟之害。於是個人開始廣泛蒐集並研習養生保健的相關知識，終於恍然大悟：原來「園藝」與「健康」的關係非常密切！

　　人類是在「農業革命」（約 1 萬年前）之後才以米麥等穀類作物為主食，在此之前，人類一直是以野生水果、蔬菜維生，之後才加上獸肉、昆蟲或魚類。因此園藝作物的水果和蔬菜是「身體的補品（nutritious food for the body）」，可提供維生素、礦物質、纖維素、植化素等，既好吃又有益生理健康；而花卉及優質景觀是「心靈的美食（beautiful food for the soul）」，可美化生活空間、改善環境品質、陶冶性情、舒緩情緒，不但好看、好玩又有益心理健康。所以從事「健康園藝」活動，不但可幫助一般人們樂活養生，亦可用來協助亞健康人士或病患，達到增進健康的效果。

　　因緣巧合，2010 年，系上前輩曹幸之教授榮退時，將「園藝療法」課程主授任務交付於我（目前該課程已錄製為臺大「開放式課程」，免費開放各界人士參閱）。由於大學課程較著重知識、學理的傳遞，推廣、實務面較少，因此在接任臺大農場場長後，積極籌畫「樂活養生園藝課程」，於 2013 年開始推廣給一般民眾，並於隔年與鐘秀媚老師一起撰寫「蔬果與樂活養生指南」推廣手冊。2016 年再將臺大農場推廣的實務經驗，回饋到大學課程，開設「園藝福祉」課程，除了學理的講解，更注重實務推廣技能的培養，之後該課程也參與本校大學社會責任（USR）計畫，於臺大鄰近的大學里社區提供園藝專業服務。2017 年接任台灣園藝福祉推廣協會理事長，開始試辦「園藝福祉紓壓益康」活動；2018 年正式定名為「健康

園藝」系列工作坊，除了提供一般民眾紓壓益康的「健康園藝體驗」工作坊，也開始培訓認證「健康園藝士」和「健康園藝師」。而且為了加速「健康園藝」的推廣，我們也向科技部申請到「樂齡族健康園藝研發推廣聯盟」的三年期計畫（2018～2021），結合更多志同道合的會員和團體一起推動；由於績效良好，今年又已通過另一個三年期計畫（2021～2024），持續為樂齡族高齡長者和高壓力群提供更多的服務，也促進相關產業的發展。

2019年農委會舉辦第一屆「十大綠色照顧優良典範」活動，同時有感於農村人力嚴重老化，研擬推動「綠色照顧」計畫，期能運用農漁會或農再社區資源，營造友善高齡生活環境，以達協助高齡者在地健康老化的願景。由於我們的「健康園藝」課程已經具有良好的規劃與實際操作經驗，因此農委會在2020年特別委託園藝福祉推廣協會來協助「綠色照顧站」主辦人員的種子教師培訓；而且因應疫情，我們也推出先線上研習課程，再集中實習操作教學模式。未來也方便提供中南部遠距離民眾的研習。今年更聘請專業顧問，積極準備資料，向勞動部申請「iCAP職能導向課程品質標章」，以與坊間一般訓練課程有所區隔。

「健康園藝」課程開設以來，一直有學員反映，希望能有一本較完整的參考書籍，提供課前預習、課後複習以及活動設計之重要依據。本書即是將這些年的「健康園藝」課程重要內容系統化、條理化的呈現，從理論到實務分為六章：包括健康園藝核心觀念、認識健康園藝植物、體驗健康園藝植物、栽培健康園藝植物、健康園藝活動設計（綜合應用）和健康園藝的行動。

由於個人事務繁雜，本書得以順利完成，誠心感謝吳俊偉博士和雷家芸老師的共襄盛舉，沒有他們兩位的多方協助，本書可能還得再延後數年才能誕生！也感謝我們「健康園藝」課程講師群和健康園藝師／士提供許多寶貴意見；並感謝五南出版社優秀編輯群的密切配合。

最後更要特別感謝李伯璋署長、李樹華教授、沈瑞琳院長、胡峰賓律師、曹幸之教授、陳吉仲主委、張滋佳老師、葉德銘主任、黃盛璘老師、盧虎生院長等諸位長官與先進前輩的不吝推薦，讓本書增光加彩、錦上添花！

希望本書的出版，可以對關心「健康園藝」、「綠色照顧」、「農業療育」等領域的有志人士和工作者有良好的收穫和助益，也祈求各界先進不吝提供指教，是為序！

國立臺灣大學園藝暨景觀學系教授
台灣園藝學會、台灣園藝福祉推廣協會理事長
樂齡族健康園藝研發推廣聯盟召集人

CONTENTS・目錄

第一章 健康園藝核心觀念　001

一、人與植物的關係　002

二、人為什麼喜歡植物／自然？　003

三、「健康園藝」是什麼？有何效益？　005

四、「健康園藝」與「園藝治療」、「園藝福祉」的關係　006

五、「健康園藝」與「農業療育」、「綠色照顧」的關係　008

六、樂活養生之道──吃得對、睡得飽、常運動、心情好　010

七、為什麼園藝可以增進健康和幸福？　012

第二章 認識健康園藝植物　013

一、什麼是「五感植物」？　014

二、「視覺」健康植物　014

三、「嗅覺」健康植物　016

四、「味覺」健康植物　018

五、「觸覺」健康植物　018

六、「聽覺」健康植物　019

七、什麼是「吉祥植物」（有益身心健康之植物）？　020

八、生理的「吉祥植物」　020

九、淨化空氣的植物　023

十、心理的「吉祥植物」　032

十一、節慶植物　035

十二、命理的「吉祥植物」　038

十三、風水開運植物　042

十四、植物的吉祥開運技能　047

十五、植物的花語　059

| 第三章 | 體驗健康園藝植物　069

一、觀察花草樹木的生活智慧　070

二、了解植物告訴我們的人生哲理　089

三、適合健康園藝的香草植物的特性與用途　090

四、常見的香草植物及其應用　091

五、茶文化歷史　099

六、茶葉的保健功能　101

七、臺灣常見特色茶簡介　103

| 第四章 | 栽培健康園藝植物　109

一、適地適種我的植物　110

二、選購物超所值的植物　112

三、工欲善其事，必先利其器　115

四、植栽養護技巧大公開　121

五、居家植物繁殖　126

| 第五章 | 健康園藝活動設計（綜合應用）　131

一、導覽解說　132

二、園藝栽培活動（植物換盆、修剪、繁殖、草頭寶寶）　134

三、食農養生（香草茶品評、五行蔬果、臺灣名茶品茗）　136

四、花草藝術（壓花、葉拓、組合盆栽）　138

五、樂活手作（天然精油、紫草膏、手工皂）　139

六、綠色遊戲　140

七、綠色旅遊　143

第六章　健康園藝的行動　153

一、吃得對——「我的餐盤有什麼？」　154

二、睡得飽——「怎樣才能睡得好？」　156

三、常運動——「我的園藝活動。」　157

四、心情好——「如何維持好心情？」　158

五、利用植物進行居家或辦公室布置　159

六、挑選一款適合自己的茶飲　169

七、積極參與健康園藝活動　171

CHAPTER 1

健康園藝核心觀念

一、人與植物的關係

二、人為什麼喜歡植物／自然？

三、「健康園藝」是什麼？有何效益？

四、「健康園藝」與「園藝治療」、「園藝福祉」的關係

五、「健康園藝」與「農業療育」、「綠色照顧」的關係

六、樂活養生之道——吃得對、睡得飽、常運動、心情好

七、為什麼園藝可以增進健康和幸福？

一、人與植物的關係

植物不僅供給人類食、衣、住、行的物質需要，他們也是創造人類精神文化生活的基礎。種養植物對人的身心都大有好處，除了調節環境、陶冶性情外，花草的點綴也使我們生活變得格外溫馨。

植物與人類的文化中，我們的經濟往來、技術交流、感情的表達和傳送情誼，都離不開綠色植物。文學中有植物、音樂中有植物，宗教、禮儀中也都有植物，不同的植物都有其獨特的文化內涵。植物一直默默地陪伴人類的演化，在整個演進的過程中，人類和植物是不間斷地互動著，人類從一開始就與大自然有著密不可分的關係，尤其演進到農業時代，人們開始大量馴化和種植各種植物，進行分類與利用，如生食、榨汁、煮食、燒烤、醃漬、釀製等，也開始進行植物的改良以更符合人們的需求。

隨著時代的進步，植物不單單只是供給食用，更多的加工處理方式，例如植物具有香味的各部位製作成香料添加於食物中，萃取精油變成更高級的產品；植物的葉片花朵則可用來收藏、乾燥壓製用來當作藝術品；在許多的文化中，便用以作為祭祀用具或者樂器等，臺灣泰雅族會利用竹子配上黃銅片製作口簧琴、阿美族和鄒族亦會使用竹子來製作鼻笛；植物的枝條與枝幹則可作為建築的材料，卑南族傳統的高架式建築「達古範」（Takuvakuvan）則是利用竹竿當作支架，以柔軟的葦草作為屋頂的鋪設材料，用來作為少年會所，在裡面訓練膽識與戰鬥技能；有些具有較粗纖維的植物，則可將其纖維取出，直接或加工精製成編織材料，作為傳統衣服或者其他配件上的使用，如泰雅族的藤編帽、藤編簍、藤盒、背簍、刀鞘等。

除了上述植物與人類生活有關外，植物與人類內心世界也有很大的關聯性，根據環境心理學者探究人類對於環境的偏好性，發現當環境中出現植物或者自然景觀時，人們總會比較容易被吸引，也發現人在觀賞自然環境時，能降低緊張或焦慮的程度。在都市叢林生活的人們，因極少接觸自然環境，容易出現疲倦、憂鬱、焦慮等狀況，但這些情形皆可經由接觸自然環境而獲得良好的改善。

人類是自然生態系裡的一個角色，我們與大自然，尤其是與植物間的默契一直存在著，例如：春天溫暖的氣候，枝椏萌芽，新芽帶來生氣，人們也度過寒冷的冬

季，在溫暖的春季，舒展筋骨，開始新的活動，「一年之計在於春」，因著嶄新的動力，讓一年計畫能夠順利推動；秋末冬初時，落葉樹種紛紛落下紅葉，雖然是寒冷枯燥的氣候，鮮明的紅色落葉也替寒冷的氣候捎來一抹溫暖，萬物也準備進入休眠的狀態，人們也會儲藏食物等待冬日的到來。我們這些本能的反應，隨著萬物的演化都不曾消失，這是我們與植物之間的連結，也可能是我們基因裡的一部分。

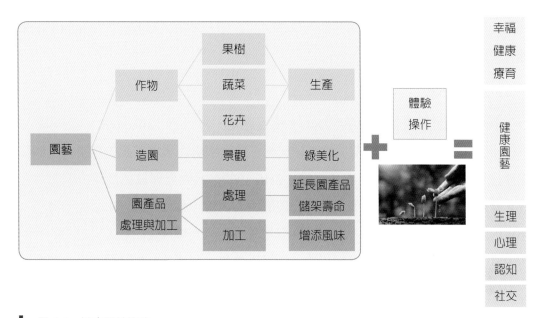

▌ 圖 1-1　健康園藝範疇

二、人為什麼喜歡植物／自然？

　　人類為什麼天生就喜歡植物呢？大致可分為演化理論（evolution theory）、直覺理論（超負荷與喚起理論，overload and arousal theory）、文化理論（culture theory）與學習理論（learning theory）四類。

（一）演化理論

　　又稱為基因理論，因為人類對植物、水或石頭等自然元素的組合，多是屬於正面情緒的回應，由於遠古的人類到樹上採果實吃、走進林中小徑多有安全及直覺意

識上的歡喜感，並依靠植物、水等自然元素而得以生存，演變進化至今。因此，人類接近植物可以得到療效，主要在於當人類接近或看到自然景物時，體內基因活化（activated）讓人感到舒適，在情緒上得到安全感而產生自然祥和的行為（郭毓仁，2005）。「演化理論」提到人類對植物的反應來自於演化的結果，Kaplan 提出「功能演化論」（functionalist-evolutionary theory），認為人類具備「探知環境資訊」和「辨別安全庇護所的資訊」二大能力，以維持生存及維繫物種的繁衍（陳惠美，2008）。因此人們對公園綠地景觀的偏好，源自於人類祖先在非洲大草原的生命景觀。

（二）直覺理論

直覺理論強調人們對自然環境的主要反應是一種情感（affective），而非認知（cognitive），亦即人類對環境的直覺反應，是大腦處理環境資訊的結果，其順序為產生想法、回憶、環境意義和行為（Relf, 1992）。直覺理論認為都市環境會造成人類感官系統的疲乏或激發身體及心理層面的興奮，應該儘量運用不會激發感官興奮的綠色植物來布置環境。因為接觸自然環境時，人類視覺注意力受優美的景觀所吸引，此時便可能會停止負面想法，而以正面想法取代負面情緒而重獲生理系統的平衡狀態（Ulrich & Parson, 1992；江姿儀，2005）。Kaplan & Kaplan 1989 所提出的「功能演化論」，認為人類具備「探知環境資訊」和「辨別安全庇護所的資訊」二大能力，以維持生存及維繫物種的繁衍（陳惠美，2008）；因此我們認為「探知環境資訊」屬「演化理論」；「辨別安全庇護所的資訊」屬「直覺理論」。超負荷與喚起理論（直覺理論）認為，都市環境中充滿許多人為干擾，如噪音、視覺干擾、人口密度高及快速移動的交通工具等，以至於在生活中不斷受到刺激，造成人類感官系統的疲乏。而利用綠色植物布置環境較不會激發感官興奮，能使人平靜。

（三）文化理論

文化理論認為人類對環境元素的喜好受到成長背景、社會環境與文化的影響。據此解釋為何不同的民族文化，人們對某些特定環境物會有喜好或厭惡的態度連結。例如對於臺灣原住民而言，植物在各族之間是被賦予不同祈福避邪的文化意義，美國人喜歡廣大的草坪或地被植物，而移民者會攜帶故鄉的藥草以備不時之需

（Relf, 1999；林容亭，2009）。以花色為例，臺灣人較喜歡紅色系的蝴蝶蘭，日本人則較喜歡白花蝴蝶蘭。

(四) 學習理論

學習理論主張人類對植物有正向反應，主要由於人類的大腦感官資訊系統可以因先前的經驗而得到學習和制約能力，例如花朵的美麗、香味會讓人下次再想到或看到花朵就連結上放鬆的心情。人們與綠色的自然資源和植物的反應連結，是來自於過去及生活周遭的記憶學習而來的結果。因此，生物學家表示，如果人類接觸自然能獲取正面制約效果，就應多鼓勵從事與自然植物接觸的活動（郭毓仁、張滋佳，2010；Relf, 1999）。這也是針對高齡長者實施「懷舊療癒」的理論依據。

三、「健康園藝」是什麼？有何效益？

園藝（horticulture）是生產水果、蔬菜、花卉等作物及其利用的一種事業；它是農業的一支，也是環境及生命科學中重要的部門，更是日常生活不可或缺的科技常識。園藝事業不但可以做企業性的經營，還可做副業性的生產和娛樂性的栽培。

園藝也是一門關於生產「身體的補品（nutritious good for body）」（水果、堅果和蔬菜作物）及「心靈的美食（beautiful good for soul）」（花卉和觀賞植物、優質景觀）的科學與藝術。簡單來說，園藝日復一日地影響著所有人的日常。

園藝的重要性，一方面水果、蔬菜、花卉是重要的經濟作物，可增加農民的收入，亦可賺取外匯。另外，水果、蔬菜亦可提供維生素、礦物質、纖維素、植化素等，有益健康。花卉及觀賞植物可美化環境、淨化空氣、減少噪音、調節大氣溫度及溼度。因此從事園藝活動可以陶冶性情、舒緩情緒，亦可用來療癒身心、增進人民健康。

「健康園藝」是透過各項園藝活動來紓解壓力、放鬆心情、活動身體，並透過實際栽培與觀察植物的成長體會生命的喜悅與奧祕，進而達到自我療癒身心的效果。健康園藝活動類型可分為「純觀賞型」和「活動參與型」。「純觀賞型」又稱為「景觀療癒」，以欣賞植物相關的照片、影片及至自然風景區以靜態觀賞的方式放鬆心情皆屬之；「活動參與型」包括植栽活動，栽植蔬菜、水果、花卉等，參與

表 1-2　園藝治療與園藝福祉之差異

	園藝治療 （horticultural therapy）	園藝福祉 （horticultural well-being）
目的	以園藝為媒介，享受園藝樂趣，將其效用活化應用，改善和促進身心狀態，提升生活品質	
對象	具障礙或疾病之人或無法自行操作者	所有人
內容	需要園藝治療師協助參與園藝活動	自行於園藝活動過程中享受園藝的功效
效益	治療、復健	維持與增進健康、提升生活品質

五、「健康園藝」與「農業療育」、「綠色照顧」的關係

　　所謂「農業療癒」（agricultural therapy）就是利用農業田園景觀、自然生態及環境資源，結合農業生產、農村文化及農家生活等體驗活動，提供國民休閒和療育場所、增進國民健康與幸福感，並提升農業經濟的一種過程。大致而言，「健康園藝」是屬於農業療癒的一部分，但也是農業療癒的主體之一。

　　「綠色照護」（green care）是指運用農業（農園藝、森林、動物、田園）以及其他的戶外自然空間等融合健康照護概念，藉由接觸自然界中的生命與分生命元素，作為一種治療方式，以促進個人生理、心理、社會及教育等福祉，提升生活品質，透過結合心理衛生、醫療工作，和園藝、森林、動物照護、戶外活動等元素所發展出的一種新模式，藉由「人與自然事物互動之歷程」來療癒身心。

　　在歐美國家推動多功能農場下，「綠色照護」蔚為風潮，依據農場所提供的目標及服務的對象不同，開發出不同的綠色照護農場，例如以提供社會互動為目標的銀髮族活動，或以復健、治療為主軸的活動，還有提供工作訓練或工作機會為目標的職業照護等。臺灣目前也正積極推動相關綠色照護之產業，將原本無交集的活動或產業連結。意即將傳統健康照護體系與常見的人類活動／產業，如農業、園藝、自然保育與景觀設計等進行連結，因而產生了新的效益（如下圖）。

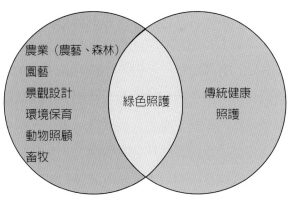

圖 1-3　綠色照護定義

在比較狹義的解釋下，可以將綠色照護與農業療癒畫上等號；但是在概念上，綠色照顧比較偏向針對高齡長者或身心障礙者的關照；而農業療癒比較偏向針對一般健康、亞健康人群的療育。

依據各類別綠色照護活動之間的區別與目標，由活動運用方法及健康照護目標予以區分如下圖。

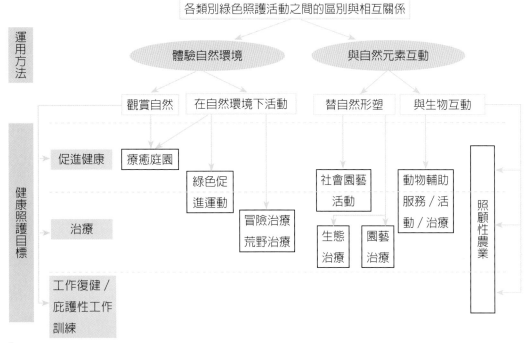

圖 1-4　各類別綠色照護活動之間的區別與相互關係

六、樂活養生之道 ── 吃得對、睡得飽、常運動、心情好

「樂活」由「LOHAS」音譯而來，全名為「lifestyles of health and sustainability」，意指健康及永續（自給自足）的生活型式；而「養生」一詞常見於日常生活中，意指中國古代對衛生保健方法的總稱，養生又稱養性、攝生、頤養等，即現今從食、衣、住、行等日常生活各個方面所談的「自我管理」、「自我保健」。所以養生即是利用各種手段和方法，延緩衰老的到來、爭取健康長壽的一門學問。

以往我們認為身體沒有病痛就代表健康，但現在世界衛生組織（World Health Organization, WHO）對健康有新的詮釋，健康的定義為生理上、心理上及社會上總體完好的狀態（Bio-psychosocial well being），才算是真正的健康。又根據 WHO 的調查，真正健康者僅占全球人口總數的 5%，有生病者約 15～20%，其他 75～80% 的人處於亞健康狀態，也就是絕大多數的人是處於「亞健康」狀態，更需要養生才能常保健康。

現代人慢性病盛行，例如惡性腫瘤、心臟疾病、腦血管疾病、糖尿病等，已在國人十大死因中占了七個因子，人數占八成以上，而其中惡性腫瘤占致死因子榜首連續三十多年之久。這些引起慢性疾病的原因，通常是我們生活周遭致病因子所造成的，例如細菌、病毒、自由基、代謝廢物及生活中的高壓力源，使身體長期處於高度緊張的狀態，引發我們身體的發炎（最初疾病）反應，若一直接觸致病因子，且身體抵抗力一直未提升，則會演變為慢性發炎，時間更久則可能成為重大疾病（慢性病），而 90% 的慢性病都與發炎有關。那要如何遠離這些發炎因子呢？其根本之道就是養生。

樂活養生之道：

健康在吃睡運愉──吃得對、睡得飽、常運動、心情好。

營養重蔬果水魚──蔬菜、水果、飲水、魚類。

均衡合時規律──飲食均衡、日夜合時、生活規律。

養生必須結合健康的飲食與健康的生活，「吃得對、睡得飽、常運動、心情好」，重視蔬菜、水果、水分和魚類的攝取，生活合時規律，便是樂活養生之道。若要遠離發炎，需要健康的飲食與健康的生活加以結合。

在樂活養生之道中，植物扮演了一個很重要的角色：

飲食方面——多食用富含健康飲食三要素：「膳食纖維」、「抗氧化物」及「Omega-3」的蔬果，可幫助身體排毒、抗毒與消毒。

睡眠方面——現代人壓力大，多有失眠困擾，多食用富含色胺酸的食物，或利用具舒眠功效的香草植物沖泡的香草茶、萃取的精油達到舒眠安神的效果。

運動方面——園藝活動是一種較為緩和的活動，適合大眾操作，且在植物環抱的場所運動，有助於身心的平衡。

情緒方面——蒔花弄草、居家社區種菜等園藝活動，可以改變生活的重心及增加社交機會，提升正向情緒。

七、為什麼園藝可以增進健康和幸福？

園藝是一門綜合的課程，包含了科學、農學、經濟和美學，近十幾年來，園藝也跟心理、醫療相關，透過園藝活動可以讓人充分感受身心靈的愉悅。我們對於大自然的喜愛是與生俱來的，在感到疲憊的時候，到大自然走走，都會有種煥然一新的感受，一草一木一花的能量讓人倍感振奮，也讓人心情平穩。當我們自己維護草花樹木的同時，可以享受陽光沐浴、接觸自然清新的空氣，還可以欣賞五顏六色的樹葉花朵，更能動手進行許多操作，人們專注於園藝活動的時候，自然也能沉靜心情，讓人忘卻煩人的生活憂慮，在這一刻享受最放鬆、最美好的時刻。

人與植物在園藝活動裡是相互依賴的，植物透過人為的園藝活動，如種植、繁殖、照護等方式，得以生長良好；而人們則是在整個活動過程中獲得充實的成就感。尤其當我們看見植物自然生存的樣貌，生命不停息的延續，那種新生的感覺，可以降低我們對於生活不確定性的焦慮，重新獲得自我價值感。人們對於環境的變化是很敏感的，若長期處在醜陋、骯髒不良，過度建設或缺乏自然景物的環境，會造成人們有較強的負面情緒與自我評價（Charles A. Lewis, 2008）。大幅改善生活環境不是一件容易的事，可能需要政府政策的協助，但我們可以利用個人居住環境小面積的改善，達到快樂與幸福的來源。而這樣小面積使用植物改善環境，就是園藝的

一種。健康園藝之所以特別，是因為在裡面有「人」的存在，透過園藝人們可以從中提升心靈層次，感受到愉悅、滿足和幸福的感受，進而改善人們的健康狀態。

CHAPTER 2

認識健康園藝植物

一、什麼是「五感植物」？

二、「視覺」健康植物

三、「嗅覺」健康植物

四、「味覺」健康植物

五、「觸覺」健康植物

六、「聽覺」健康植物

七、什麼是「吉祥植物」（有益身心健康之植物）？

八、生理的「吉祥植物」

九、淨化空氣的植物

十、心理的「吉祥植物」

十一、節慶植物

十二、命理的「吉祥植物」

十三、風水開運植物

十四、植物的吉祥開運技能

十五、植物的花語

一、什麼是「五感植物」？

　　人們對所有事物的感受皆是透過視覺、嗅覺、味覺、觸覺與聽覺這五感的反應來體驗，因此五感的運用對於人的心理與生理有著重要影響，要有一個健康的身心靈，可透過這五種感受來維持。

　　一般在我們體驗東西或事物時，並非單純只有一項感官的感受，通常會是綜合的感官，例如享用一盤食物時，我們不單純只是品嘗味道，而是會強調色、香、味，也就是視覺、嗅覺和味覺的綜合體驗。

　　健康園藝活動即是透過五彩繽紛的花朵刺激視覺的體驗、以芳香的花草刺激嗅覺的反應、品嘗美味的蔬果即是味覺的體驗、觸摸植物葉片、花朵、莖幹等平順或粗糙的表面具有觸感的體驗、透過大自然風吹雨打植物時摩擦所發出來的聲響，就是聽覺的體驗，來達到健康園藝的效能。而健康園藝植物即是整個活動的要角，所有的活動設計即是依循園藝植物所提供的五感體驗進行。

　　以戶外導覽為例的健康園藝活動能提供人們的五感體驗，包含：大自然植物葉色與花色的變化、植物型態、景觀變化的視覺體驗；戶外植物負離子、森林芬多精、香花、香草的嗅覺體驗；植物葉片型態、樹木樹皮摸取的觸覺體驗，還有微風穿過樹葉產生葉片摩擦的自然聲響，即是一場大自然的聽覺體驗。

　　此外，園藝可以運用在智能或情緒障礙的孩子或其他障礙者的課程中，作為一種輔助工具，透過戶外的公園巡禮，刺激障礙者的感官，五彩繽紛的顏色和各式美麗的花朵型態，能讓障礙者的視覺受到刺激，再藉由觸覺的感官，觸摸不同葉片材質，粗糙、光滑、是否具有絨毛等，以啟發障礙者的感受。

　　健康園藝透過五感植物的運用，為人類帶來寧靜和和諧，恢復身心健康。人類與植物密不可分，有時植物也會是我們的情感連結及往事喚起的媒介，因此植物能夠作為心靈療癒的媒介。

二、「視覺」健康植物

　　「人是視覺的動物」意指我們很容易受到視覺的刺激來影響我們對事物的看

法。人們對於顏色喜好不同，對於不同顏色的感受也不盡一樣，因此透過色彩的鑑別度能提供人們不同的情緒感受。

大多數植物以綠色為主要的色彩，植物之所以呈現綠色是因為葉片內具有葉綠素，而葉綠素是用來行光合作用的重要色素，而在陽光的全光譜中，植物對綠光的吸收最差，所以葉片反射出綠光，才會使葉片呈現綠色。但葉片的綠色會隨品種、栽培環境和本身營養而所有不同，有些甚至會出現斑葉的型態。

植物內除了有葉綠素之外，還有其他色素，類胡蘿蔔素、葉黃素、花青素等影響植物的顯色。花朵和果實的呈色，即受上述色素的影響，如著名的巨峰葡萄果皮為深沉且均勻的紫色、胡蘿蔔的鮮豔橘色、火龍果鮮紅的果肉等，都是植物內色素的呈色現象，也是可提供人們的視覺刺激。

「視覺」健康植物可依色彩學簡單分為暖色系、中性色系與冷色系。暖色系顧名思義是會使人感到溫暖有活力的色調，是由太陽顏色衍生出來的顏色，代表色如黃色、紅色、橘色等；中性色系通常是一個緩衝的顏色，可當作視覺景觀的調整區，代表色如黑、白、灰；冷色系通常會讓人有冷靜、沉穩的感受，代表色如藍、紫、綠色等，透過色彩的組合，可以提供不一樣的視覺體驗，也能達到身心療癒。

暖色系視覺健康植物：萬壽菊、玫瑰、一串紅、向日葵、仙丹、蝴蝶蘭、文心蘭、長壽花等。

| 萬壽菊 | 仙丹 | 朱槿 | 玫瑰 |

▌ 圖 2-1　暖色系視覺健康植物

冷色系視覺健康植物：粉萼鼠尾草、薰衣草、葡萄風信子、藍紫色繡球花、萬代蘭、百子蓮、藍雪花、紫藤等。

| 粉萼鼠尾草 | 萬代蘭 | 蝶豆花 | 藍雪花 |

圖 2-2　冷色系視覺健康植物

中性色系視覺健康植物（以白色為主）：銀葉菊、銀葉桉、白雪球、海芋、茉莉花、麻葉繡球、白花蝴蝶蘭、梔子花、白蝶豆花等。

| 白蝶豆花 | 白花蝴蝶蘭 | 梔子花 | 海芋 |

圖 2-3　中性色系視覺健康植物

三、「嗅覺」健康植物

嗅覺是感知環境的一種途徑，在五感植物當中，以嗅覺應用最廣，也跟人的情緒有較密切的關聯。現今所談論的精油，也都是由植物萃取出來，但這已經是加工後的產品，所謂的嗅覺健康植物，是探究植物本身的氣味，如樹木、樹皮與葉子的香氣、香草植物的特殊香氣、香花植物的花香等。

植物的氣味在大自然是有它存在的道理，這些香味大多是植物的次級代謝物。次級代謝物即是利用初級代謝物再進行合成為其他化合物，如酚類、萜類、生物鹼等，有些是用來驅趕昆蟲的侵襲，有些則是為了吸引昆蟲前來授粉等，而這些氣味的存在，也豐富了地球的生態環境。

透過植物的香氣，我們可以辨別時節，可以連結人的情緒，舒緩緊張的壓力。有時候我們在不同的季節聞到不同氣味，會勾起我們對於季節的回想，荷花的清

香則是為炎熱的夏季帶來消暑的感受（而桂花飄香的時節，會讓人連結秋天的訊息）。嗅覺健康植物提供的氣味，會讓人有不同的感知，例如薄荷的味道會讓人有清涼、提神的效果；薰衣草的氣味則會讓人有放鬆、安定、助眠的效果；玫瑰花香能穩定情緒；迷迭香能增強記憶力等。

　　嗅覺健康植物可分為香花與香葉植物，其具有香味的部位不同。香花植物主要提供香氣的位置在花朵，如薰衣草、玫瑰、桂花、茉莉、玉蘭花、七里香等；香葉植物則是在搓揉葉片後，會有特殊的香氣，如薄荷、左手香、香蜂草、肉桂、樟樹、香茅、鼠尾草、迷迭香等。一般而言具有香氣的花，花色較不鮮豔，也少有特殊斑紋，因此需要提供香味吸引昆蟲前來授粉。

| 七里香 | 玫瑰 | 桂花 | 野薑花 |

圖 2-4　香花植物

| 鼠尾草 | 香蜂草 | 芳香萬壽菊 |

| 綠薄荷 | 檸檬馬鞭草 | 檸檬香茅草 |

圖 2-5　香葉植物

四、「味覺」健康植物

吃得健康是長壽之道，味覺健康植物提供了豐富的維生素、礦物質、抗氧化成分與纖維素，可以提供人們最佳的餐桌健康飲食。人要能有活力的生活首重飲食，除了動物性蛋白質的供應之外，人們更需要多樣化的礦物質，這個部分植物則能充足的提供，此外，有些植物也具有醫療保健的功效，我們稱之為「藥用植物」，在中醫上會用來入藥調養身體，此即所謂的「醫食同源」，例如冬令進補時期，則經常會使用味覺健康植物來進行食補。一般飲食中，植物幾乎天天可見，由主食米飯、麵食、各式蔬菜配菜到餐後水果，都是植物所供給，除了水果外，其他幾乎都已經過烹調。

如何運用味覺健康植物來提升人身心靈的健康呢？在健康園藝活動藉由參與者親自種植植物，並採摘成品進行烹調後食用，或者利用採集部分香草沖泡享用。透過此類型活動，可以使人體會親自栽種到收穫的充實感與成就感。

五、「觸覺」健康植物

觸覺刺激是幫助我們與外界環境互動，藉由觸覺我們可以感受物體或人際的關係。植物的葉、花、果實和樹皮等，有眾多的型態，除可肉眼觀察外，透過觸摸也可感受到植物表面的粗細、平滑、鋸齒、絨毛等，樹木的樹皮有些粗糙，如樟樹、臺灣欒樹；有些平滑，如九芎；有些樹幹上帶有尖銳的瘤狀刺或果實帶有細刺，如美人樹、楓香等。

植物種類中，仙人掌科的葉片特化成針狀葉，楓香果實帶有細刺，用手碰觸尖端會使人產生刺激感；景天科中的兔耳系列，因葉片披有細毛，摸起來有絲絨布綢的感覺；秋海棠科鐵十字秋海棠，葉片有凹凸的紋路，屬於粗糙感的葉片。此外，有些植物的器官具有運動行為，例如含羞草的葉片因為觸摸會快速閉合，一段時候又會恢復，這樣的葉片運動行為會讓人感到趣味，而會想要不斷嘗試。鳳仙花的蒴果，在成熟的時候輕碰果實，果瓣會快速捲曲將裡面的種子彈射出來，有種「急性子」感覺，楓香果實帶有細刺。

　　園藝活動中使參與者觀察或觸碰不同質地的植物，增加感官刺激，皆能帶來愉悅情緒之顯著正向提升，且具備降低焦慮之心理效益，可達感覺統合的復健效果。參與者在這樣的活動裡，會感受到放鬆、平靜、安定，也會自動的想要更親近植物、或想到戶外體驗等，顯示植物器官質感的觸覺體驗能對人們產生吸引力，並能夠帶來多樣化的正向心理效益，引發正念思考的能量。

|楓香|美人樹|仙人掌|
|景天兔耳系列|含羞草|秋海棠|

▌圖 2-6　觸覺植物

六、「聽覺」健康植物

　　植物不像動物能自身發出聲音，但藉由外在的動力能夠使植物發出聲響，例如在竹林裡，清風吹過葉片相互摩擦所產生的窸窣聲；水柳枝條柔軟的垂曳在池邊，微風吹拂，枝條滑過水面的唰唰聲；雨水打在芭蕉葉上的滴滴聲；又或者將耳朵或聽診器貼近樹幹，可以聽見樹幹裡維管束中水液流通的聲響；而大樹上綠繡眼築的巢，在清晨時啾啾的鳥叫，喚醒了精神的一日。植物本身雖然不能說話，但大自然中萬物靠著與其合作，完成一曲曲和諧優美的音樂，讓人感到輕鬆愉快，也感受到

植物對於自然之重要，更讓人感受心情平靜與悠閒。

通常聽覺的健康植物能與自然萬物合作，也多藉由戶外活動的參與，才能夠完整的享受到聽覺健康植物的療癒效果。

七、什麼是「吉祥植物」（有益身心健康之植物）？

我們常祝福對方「平安吉祥」或是「吉祥如意」，吉祥二字到底是什麼意思呢？這二字出自《易經》中的「吉事有祥」，唐代玄英在《疏》中將吉祥含意擴展為「吉者，福善之事；祥者，嘉慶之徵」，都是有好寓意的意思。

吉祥喜氣、福壽平安是人類從古至今不變的期盼和追求，由此產生吉祥的文化，則為國人熱愛生活、嚮往幸福、圓滿、健康、財富等積極心理的外在反映。

很多常見的植物皆蘊含深厚的傳統吉祥意涵，由傳統風水文化切入，更可了解植物於我們生活中所扮演之角色；而在現代則又賦予吉祥植物新的意義。

所謂「吉祥植物」，望文生義可簡單視為「具有吉祥意涵的植物」，它應該擁有開運吉利、健康安神、化解災厄等功能。以現代觀點而言，我們認為「有益人們身心健康之植物」，便可稱為吉祥植物（happiness plants），若以增進人類身心健康而言，大致可分為「生理性吉祥植物」、「心理性吉祥植物」以及「命理性吉祥植物」等三大面向。

八、生理的「吉祥植物」

主要可分為「食療、芳香療法與空氣淨化」等三大功能增進人們生理健康。

植物自古以來就是人類主要的食物來源，許多植物有藥用或營養價值，食療就是吃了除能飽足之外，還能健康，且簡單又便宜，例如紅棗、香椿、枸杞、合歡、靈芝、萱草、菊花、橘、蓮、芙蓉、百合、荔枝等都可入藥，此即所謂「醫食同源」。

人類很早就已發現某些芳香植物（例如薰衣草、迷迭香、百里香、薄荷、肉桂等）可以幫助減輕生病時的疼痛與不適，於是芳香植物可以治病的經驗就這樣長久傳承下來，延續至今，稱之為芳香療法（aromatherapy）。

　　另外，植物尚可供人觀賞，創造出優美的工作或休閒環境，並具有吸收不良氣體（二氧化碳、甲醛、氨氣、臭氧等）、滯留空氣中的粉塵、釋放負氧離子、芬多精等效益，這類植物可統稱為「空氣淨化植物」。空氣淨化植物可提高空氣品質，並能美化室內環境，創造更健康美麗的室內環境，增進人們的健康，常用植物如黃金葛、黃椰子、虎尾蘭等。

圖 2-7　吉祥花卉──百合
　　　　百合的種類相當多而美，花型大且具有香氣，並有「百年好合」的諧音，是中國人在節慶時喜愛使用的吉祥花卉。

圖 2-8　芳香療法植物──薄荷
　　　　綠薄荷是常見的香草植物，具有宜人的香氣，是芳香療法中常用的植物材料。

圖 2-9　室內空氣淨化植物擺設
　　　　植物更具有「空氣淨化」的效果，可提高空氣品質，並能美化室內環境，創造更健康美
　　　　麗的室內環境，增進人們的健康。

九、淨化空氣的植物

　　植物吸收二氧化碳，進行光合作用產生氧氣，提供給天地萬物生生不息，然而除了吸收二氧化碳外，近來有研究指出，植物能夠移除多種的有機揮發物質（volatile organic compounds, VOCs），例如甲醛、苯、氨和三氯乙烯等，也能承接空氣中的落塵及懸浮微粒。

　　有機揮發物質從哪裡來，一般在室內環境中約可測到 300 種以上，其中家庭的建築材料是室內有機揮發物質的主要來源，因此當家庭經過裝潢、整修、粉刷或者添購新家具時，都會大量排出有機揮發物質，導致整個室內空氣品質變差，可視為室內的空氣汙染物，造成居住者有不良的生理和心理反應。此外，在辦公室中，日常生活用品也有可能釋放出揮發性有機物，如電腦、印表機、影印機、投影機等電子產品或部分塑膠品。

　　1995 年即有研究提出，長時間待在密閉性較高的建築內（無窗區域為最），許多人會出現生理不適症，如流鼻水、皮膚搔癢、眼睛紅腫、頭痛、喉嚨痛、噁心、疲倦等，以上不適症我們稱之為「病態建築症候群」（Sick Building Syndrome, SBS），許多研究同時也指出，女性比男性更容易患有此症，原因有可能是女性對室內環境的空氣品質較敏感。不良的空氣品質，會使人的免疫系統受到侵害，也容易誘發過敏，在工作場所裡更會降低工作品質。

　　早在 1970 年代開始，美國太空總署研究利用植物來淨化空氣，經過多年的研究結果，常見的植物和介質中的微生物都有移除有機揮發物的能力。室內的有機揮發物持續的揮發，直到與環境達到平衡的狀態，因此所選用的植物也必須能持續移除，且效率必須高於其總揮發性，才能有效降低環境中的有機揮發物濃度。根據眾多研究結果顯示，有多種室內觀葉植物都有移除有機揮發物的能力，只是植物能移除的揮發物種類不盡相同，如波士頓腎蕨能有效降低環境中的甲醛，黃金葛則可以降低三氯乙烯、甲醛和甲苯。下表為常見有機揮發汙染物和對應移除植物。

表 2-1　常見有機揮發汙染物及對應移除植物

有機揮發汙染物	常見對應移除植物 （移除效率由高至低）	植物照片
甲醛	波士頓腎蕨	
	菊花	
	非洲菊	
	常春藤	
	白鶴芋	

續表 2-1

有機揮發汙染物	常見對應移除植物 （移除效率由高至低）	植物照片
甲醛	紅邊竹蕉	
	石斛蘭	
	黛粉葉	
	粗肋草	

續表 2-1

有機揮發汙染物	常見對應移除植物 （移除效率由高至低）	植物照片
甲醛	中斑吊蘭	
苯	非洲菊	
	菊花	
	白鶴芋	

續表 2-1

有機揮發汙染物	常見對應移除植物 （移除效率由高至低）	植物照片
苯	紅邊竹蕉	
	虎尾蘭	
	粗肋草	

續表 2-1

有機揮發汙染物	常見對應移除植物 （移除效率由高至低）	植物照片
苯	常春藤	
	觀音棕竹	
氨	麥門冬	

續表 2-1

有機揮發汙染物	常見對應移除植物 （移除效率由高至低）	植物照片
氨	火鶴	
	菊花	
	竹芋	
	鬱金香	

續表 2-1

有機揮發汙染物	常見對應移除植物 （移除效率由高至低）	植物照片
氨	袖珍椰子	
	垂榕	
	白鶴芋	

　　密閉且通風不良的空間中過高的二氧化碳濃度，也會使所在空間內的人感到不適，容易產生疲倦、嗜睡、頭痛、學習及工作效率降低等不良症狀。上述提及植物

能夠吸收二氧化碳，形成有機酸或醣類來進行儲藏，亦即表示具有移除空間的二氧化碳能力。因此，在室內擺放植物有助於空氣的淨化與改善。植物是藉由葉片的氣孔進行二氧化碳的吸收，所以氣孔的開放會影響二氧化碳的吸收，而在室內經常會遇到低光線及高濃度二氧化碳的情形（尤其是在人多的狀況），會使得氣孔關閉，因此要選擇在上述環境下還能開啟氣孔的植物，作為擺放的種類，如非洲堇、波士頓腎蕨、嫣紅蔓、印度橡膠樹、吊蘭、白鶴芋等。

空氣中還有許多的落塵與懸浮微粒，正嚴重汙染著我們的呼吸系統。常見的落塵經常會有金屬物質碎片、石綿、二氧化矽、硫酸鹽、氯鹽等，若直接與皮膚接觸或沾染於眼睛內，會阻塞皮囊毛孔，使眼睛黏膜受損，引起皮膚炎和結膜炎等，在室內裝潢中常使用於隔音或隔熱設備的石綿，在長久使用下會有分解逸散於空氣中的可能，若長期在此空間活動者，吸入石綿纖維可能引起肺部疾病。空氣中的懸浮微粒也是汙染物，微粒粒徑小於 10 微米之懸浮微粒稱之為 PM_{10}，小於 2.5 微米則為 $PM_{2.5}$。當東北季風來臨，也就是臺灣的秋冬季（約 10 月分開始），會有一波波的沙塵暴襲來，造成北部、中部地區的空氣品質極度惡化，根據研究調查沙塵暴侵襲時期，辦公室內的 PM_{10} 與 $PM_{2.5}$ 可能都會超過環保署的建議值，影響區域及空間的人員健康。（若想即時了解所在地的空氣品質，可上行政院環保署空氣品質監測網查詢，https://taqm.epa.gov.tw/taqm/tw/default.aspx）

植物的葉片因為其本身的特性，對於落塵的移除方式可分為3種，分別是停著、附著、黏著三種方式。

所謂「停著」是指落塵暫時性的落在葉片表面，可能會在經風或者其他外力，如觸碰、澆水等，再次飛走或掉落，提供這種移除方式之植物葉片，多半較為光滑或葉片狹小。「附著」則是指落塵掉落於葉面，會被氣孔或者葉片絨毛固定，較不易再度移動，但仍受強風或者下雨影響，此種植物多半為葉片寬大、具有凹凸的表面或具有絨毛。落塵受到葉面的黏性物質所黏附方式，則稱為「黏著」，通常是指枝葉具有能分泌黏性物質為主的植物。臺灣常見可移除落塵之室內植物，包括：非洲堇、鐵十字秋海棠、皺葉椒草、大岩桐、薜荔、嫣紅蔓、麗格海棠、長壽花、白網紋草、鐵線蕨等。

植物具有良好淨化空氣之能力，室內擺設綠美化植物，既可美化室內環境，也

可以移除不良氣體汙染物，還可降低環境落塵，有效提升空氣品質；既可淨化空氣，也可淨化人心，促進人們身心愉悅健康，是一舉數得的好方法。

圖 2-10　杜鵑花葉片滯塵能力
　　　　杜鵑花的葉片具有細小絨毛，能夠將空氣中的灰塵固定於葉片上，是一種非常好的空氣淨化植栽。

十、心理的「吉祥植物」

所謂吉祥植物，意指植物名與中文的吉祥語有諧音，或名字本身有吉祥含意者，如桔—吉，芙蓉—夫榮，桂—貴，棗—早，艾—愛，槐—懷，竹—祝，荷—合、和，蓮—連，柏—百，佛（手）—福，百合—百年好合等。在舊婚俗中，喜床上要撒紅棗、花生、桂圓、栗子，寓意「早生貴子」。嶺南人在春節要買一盆金桔裝飾居家，取「滿堂吉利」之意；浙江有古習俗簽柏枝於柿餅，以大桔承之，謂之「百事大吉」也是諧音取意。

現在有吉祥草（觀音草）代表吉祥；發財樹（翡翠木或馬拉巴栗）和金錢樹（美鐵芋）代表發財；還有將萬年青竹截成數段捆成造型並以水耕栽培，稱為開運竹，代表開運吉慶、節節高升之意。此外，健康美麗的植物，例如盛開花朵的植栽、綠油油的草坪、稻田、花海等，讓人看了身心舒暢、心曠神怡，應也可視為吉祥植物。

圖 2-11　心理吉祥植物——美鐵芋
　　　　美鐵芋在花市稱為金錢樹，取其葉片亮綠如錢幣，再增加紅彩帶做裝飾，也讓陰性植物
　　　　轉為陽性植物，更顯喜氣。

圖 2-12　心理吉祥植物——萬年青
　　　　萬年青竹截成數段後，可綑綁成造型植栽，並以水耕栽培，稱為開運竹，代表開運吉慶、
　　　　節節高升之意，適合送禮並具有恭賀升官之意。

圖 2-13　生機盎勃油菜花田
　　　　綠意盎然、生機蓬勃的菜田、稻田，讓人覺得有療癒感及生命力，能為人類帶來健康舒
　　　　適的感覺，也是現代的「吉祥」詮釋。

圖 2-14　繽紛鬱金香花海
　　　　美麗如畫的繽紛鬱金香花海，讓人看了身心舒暢、心曠神怡，也是廣義的吉祥植物。

十一、節慶植物

　　不論是東方人或西方人皆相當重視節慶活動，而在這些節慶活動中，不可或缺的就是植物。節慶活動裡所使用的植物，通常都與節慶有相當的淵源，有的是沿襲古老的智慧，用以避邪、驅蟲；有的則是會加入飲食中，當作節慶特色食物；有的則是以當季植物作為襯托或應景的節慶植物，無論哪一種方式，都是充分運用植物特性所延伸的文化。

　　在原住民的傳統祭典當中，皆會使用植物做成的樂器、裝飾品以及食物，來作為祭祀與信仰。西拉雅民族祭祀方式會使用壺狀容器承接淨水，再放入檳榔葉、香蕉葉或澤蘭葉，放在地上敬拜神明。阿美族豐年祭就是為了慶祝小米豐收後所舉辦的慶典，會以各種歌舞、飲食和小米酒來感謝過去一年神靈的庇佑。

　　漢人則會在每年農曆七月初七以一束千日紅來祭拜「七娘媽」，以感謝保佑過去一年的平安；在端午節，家戶戶為了趨吉避凶，紛紛在家門口掛上艾草、菖蒲、榕樹等祓鬼驅邪聖物；在過新年的時候，則會使用象徵吉祥好運的植物，例如紅色觀賞性蘿蔔象徵好彩頭和鴻運當頭、觀賞鳳梨則代表好運旺旺來、蝴蝶蘭則是取其諧音「福疊來」，表示福氣源源不絕的意涵。

表 2-2　節慶適用花卉

月分	節慶	適合花卉寓意	適用花卉舉例
1、2	春節	農曆春節，時值早春，此時是各種花卉生長的旺季，此時也是擴展社交人際關係的機會，利用花卉當作饋贈禮物時，大多會選擇具有吉祥、富貴意涵的植物	富貴寓意花卉均可 祭祀用花：菊花、劍蘭 切花：銀柳 盆花：美鐵芋、開運竹、金桔、馬拉巴栗、福祿桐、海南山菜豆、黃金葛
2	西洋情人節	此時宜選用象徵「愛」的植物作為贈花	愛情寓意花卉均可 切花：百合、玫瑰、洋桔梗、紅色康乃馨、海芋、滿天星 盆花：聖誕紅、常春藤、蝴蝶蘭、長壽花、杜鵑花、黃金葛

續表 2-2

月分	節慶	適合花卉寓意	適用花卉舉例
3	天公生	祭祀花卉	菊花、百合、劍蘭
3	白色情人節	此時宜選用象徵「愛」的植物作為贈花	愛情寓意花卉均可 切花：百合、非洲菊、玫瑰、洋桔梗、紅色康乃馨、海芋、滿天星、卡斯比亞 盆花：聖誕紅、常春藤、蝴蝶蘭、長壽花、杜鵑花、黃金葛
4	清明節	清明節為表達對春天萬物復甦、生命循環的美好期待，可選用白色的花卉表示哀悼、懷念	白色切花、親情寓意花卉均可 菊花、百合、白色康乃馨、滿天星、海芋、非洲菊
5	母親節	為子女對母親表達謝意與愛之節日	親情寓意花卉均可 康乃馨、百合
5	媽祖聖誕	祭祀花卉	菊花、百合、劍蘭、洋桔梗
5	浴佛節	祭祀花卉	菊花、百合、劍蘭
6	畢業季	可選擇夏季生產的當令花卉，宜選擇祝福學業、事業順利之植物	文昌寓意花卉均可 非洲菊、火鶴花、天堂鳥、大理花、向日葵、開運竹、金桔、擎天鳳梨、白鶴芋、紫薇、福祿桐
8	父親節	為子女對父親表達謝意與愛之節日	親情寓意花卉均可 向日葵、非洲菊、石斛蘭
8	七夕情人節	此時宜選用象徵「愛」的植物作為贈花，因七夕時值夏季，可選擇夏季生產的當令花卉	愛情寓意花卉均可 千日紅、雞冠花、星辰花、卡斯比亞、天堂鳥
8	中元節	祭祀花卉	菊花、百合、劍蘭
9	中秋節	中秋節為闔家團圓的節慶，此時是與親友連絡感情的佳機，以花卉當作贈禮時，適合具有闔家平安意涵之植物	親情寓意花卉均可 盆花：金桔
10	重陽節	選擇具有健康長壽意涵之植物	切花：菊花 盆花：長壽花、長春藤、開運竹、千年木、密葉竹蕉、羽裂蔓綠絨

續表 2-2

月分	節慶	適合花卉寓意	適用花卉舉例
10	雙十國慶	選擇具有普天同慶象徵之植物	聖誕紅
12	聖誕節	選擇具有普天同慶象徵之植物	聖誕紅

資料來源：余欣郁、張育森。2017。以文化觀點行銷臺灣經濟花卉。2017 生物產業學術研討會。（部分修正）

▌ 圖 2-15　節慶花卉組合盆栽

　　在西方節慶，例如：復活節除了復活節百合（Faster lily），波蘭人會使用植物汁液染色，如：洋蔥作為褐色染料、甜菜作為紅色染料、蕁麻葉作綠色染料、接骨木或胡桃殼作為黑色染料來把雞蛋染色。每年 11 月 1 日在墨西哥的亡靈節（西班牙文：Día de los Muertos），則會大量使用橘黃色萬壽菊，鮮豔搶眼的色彩象徵著太陽，在古老的墨西哥阿茲特克神話中，記載著萬壽菊能引領逝去的靈魂走向地下世界；而萬壽菊千里飄散的香氣，則可以引導先人們返家的道路，而此時也正是萬壽菊盛開的季節。

　　還有大家最熟知的聖誕節，也是西方國家新年節慶，許多人會用松柏或是針柏樹，裝飾各式各樣的飾品成為聖誕樹，真正聖誕樹的起源有太多版本，但其皆以長青永生象徵著耶穌是永生的，而樹上的光芒則代表著耶穌的聖光引領著世人。此外，聖誕紅也是聖誕節不可缺少的植物，鮮豔醒目的火紅苞片，為寒冷的 12 月末

帶來熱情和溫暖，相傳是在 16 世紀有位流浪兒希望能在聖誕節爲耶穌獻上禮物，但因爲他實在太窮困而買不起禮物，這時有個天使指示他去挖些路旁的野草和收集一些種子，然後種到教堂旁的路邊，結果在聖誕節期間就開出了火紅色的花朵，也就是聖誕紅。跟東方新年喜歡用紅色不同的是，西方喜愛使用銀白或白色，將其視爲純潔聖潔的意思，爲新的一年祈福。

圖 2-16　聖誕節應景花卉——聖誕紅

　　植物和節慶活動息息相關，意即人類的生活和植物是密切的，即便人類文明進步，這些節慶植物不會消失，反而隨著社會經濟的提升，變得更爲重要。

十二、命理的「吉祥植物」

　　有些植物具有宗教或神化（話）的意義，最典型的就是蓮花與佛教的關係；佛教以「蓮花爲喻」，解釋佛經內容，以蓮的生長發育比喻佛教的發展和興盛（蓮花三喻），稱佛國爲蓮界、佛經爲蓮經、佛座稱蓮臺、蓮座等。

圖 2-17　命理吉祥植物──睡蓮
睡蓮、蓮花生長在水中，除了有出淤泥而不染的美稱，佛教還以「蓮花為喻」，解釋佛
經內容，故有命理及宗教的色彩。

　　除此之外，以下分別列舉數種代表作物。

（一）艾草

　　灸艾係利用燃燒艾草的煙霧來醫治疾病，後來延伸發展為避邪；端午節門上掛

艾草和菖蒲：艾草有香氣，是驅避五毒的上品；菖蒲葉形似劍，具有可以降魔伏妖之意象。

圖 2-18　臺灣端午節習俗會在門上掛艾草和菖蒲，艾草有香氣，是驅避五毒的上品，還能製成艾條，供針灸及驅蚊之用。

（二）茱萸

又名食茱萸、紅刺楤，葉有揮發油，氣味香烈，其果能入藥；自古有重陽節佩帶茱萸葉，上山飲菊花酒以避災禍的習俗。

圖 2-19　命理吉祥植物——食茱萸

（三）紫薇

紫薇自古是中國著名花木，具有很高的觀賞價值，花期逾 3 個月，因此又名百日紅。紫薇由於花朵繁多鮮豔，且樹齡頗長，自唐代以來，帝王將相皆喜植紫薇，被視為耐久、昌盛之象徵。因此唐代的長安城廣植紫薇，唐玄宗開元六年取帝王之星，紫微星為義，改中書省為紫微省，中書令改稱紫微令，中書舍人又稱紫微舍人；此外，由於唐代翰林院遍植紫薇，「翰林學士」也被稱為「紫薇郎」。

▌ 圖 2-20 命理吉祥植物 —— 紫薇

（四）桃樹

《山海經》、《春秋運斗樞》等古書都把桃樹說成是神異之樹，來歷不凡。爾後《太平御覽》等又引說桃木是五木之精，可壓服邪氣，鬼魂懼怕桃木，所以用桃木製成桃木劍、桃板、桃印等用以降魔伏妖，桃符則演變成紙上書寫的門神及春聯；桃樹的果實為象徵長壽的吉祥物，是從《神農經》和西王母的神話中發展而成，已普遍在壽聯、圖畫、食物、工藝品中表現。

除了單用植物，漢族還常將植物與動物、器件等合用以示吉祥，如松樹和鶴代表「松鶴延年」；梧桐和喜鵲為「同喜」；桃和蝙蝠為「福壽雙全」；壽聯使用「福如東海長流水，壽比南山不老松」等。

十三、風水開運植物

　　風水是人類為了實現最佳居住方式而總結出來的生活智慧，為研究天、地、人之間關係的古代環境科學，從人的生理及心理方面進行全方位的考慮，利用環境能量的流動變化，增益人類居住環境與生活，具有一定的實用性及科學性，亦根植於中華文化傳統當中。風水自古以來常應用於室內設計或建築設計等方面，一方面運用古代環境科學知識，改善生活品質，另一方面來自於一般人趨吉避凶心理，風水植物也屬於「命理性吉祥植物」，藉植物的布置擺放寄託願望，由心理影響生理而達到功效。

圖 2-21　風水是人類為了實現最佳居住方式而總結出來的生活智慧，結合天地人之間關係的古代
　　　　　環境科學，是以中國人自古之建築皆有風水之說

圖 2-22　「藏風納氣」一直是風水學的重點，利用環境能量的流動變化而增益人類居住環境與生活的健康

圖 2-23　臺北 101 大樓不僅是臺灣的地標，其 8 個方塊代表竹節，寓意「節節高升」，樓層間更有如意及古錢相扣，寓意著守財、招財之意，應用人類趨吉避凶及寄託願望的心理，由心理影響生理而達到功效

風水植物的概念如下：

（一）植物的陰陽

陰陽概念爲風水理論基礎之一，將天地萬物分爲陰與陽兩大類，陰陽氣的運轉帶動天地間各現象的發展與變化。陰陽是一個相對的概念，像明亮、上面、外面、熱、動、快、雄性、剛強、單數屬陽；而黑暗、下面、裡面、冷、靜、慢、雌性、柔弱、雙數則屬陰。陰與陽相互對立卻又相互依存，即陰中有陽、陽中有陰，陰陽的平衡追求，便是風水理論的操作準則。

若以動植物區分陰陽，動物具動態而屬陽，植物則靜態而屬陰，但植物成長時吸收太陽之能量，至開花時表示其成熟而陽氣正旺，因此花朵即爲陰中之陽，接近花朵則吸收了天地之氣的精華，顯得喜氣而美滿。

此外，依植物生態學觀點，植物又可分爲陰性植物及陽性植物，「陰性植物」於低光照下亦可生長良好，又稱爲耐陰植物；「陽性植物」則需種植於室外強光處較佳。居家環境光線較弱，可選擇耐陰植物，並適度增添開花植物，或以切花代替，美化室內環境又可帶來陽氣。由於植物屬陰，因此未開花的植物可綁上紅色緞帶或相關裝飾，使其陰中帶陽，增添生氣。

圖 2-24 陰陽是一個相對的概念，若以動植物區分陰陽，動物具動態而屬陽

圖 2-25　植物成長時吸收太陽之能量，開花時成熟而陽氣正旺，因此花朵即為陰中之陽，接近花朵則吸收了天地精華，顯得喜氣而美滿

圖 2-26　居家環境光線較弱，可選擇耐陰植物，並適度增添開花植物，未開花的植物可綁上紅色緞帶或相關裝飾，使其陰中帶陽，增添生氣

（二）植物的五行

　　風水理論中，天地萬物皆由金、木、水、火、土五種基本物質元素組成，又稱為五行。五行運作的基本規律為相生及相剋，相生是指一種物質對另一種物質具有促進作用，如：木生火、火生土、土生金、金生水、水生木；相剋則指一種物質對另一種物質具有克制約束作用，如：木剋土、土剋水、水剋火、火剋金、金剋木。天地萬物皆可以五行分配，具有對應之顏色及方位（如下圖）。

表 2-3　五行方位對應之顏色及方位

五行對應	顏色對應	方位對應
金	白色	西方、西北
木	綠色	東方、東南
水	黑色	北方
火	赤色	南方
土	黃色	中央、東北、西南

圖 2-27　五行

　　依個人命格中的五行，種植缺少的五行屬性植物，或依五行相生相剋原理來加以改善，並擺放於適當的方位。

　　當金不足時，可用金性植物，也可以用生金的土性植物。

　　當木不足時，可用木性植物，也可以用生木的水性植物。

　　當水不足時，可用水性植物，也可以用生水的金性植物。

　　當火不足時，可用火性植物，也可以用生火的木性植物。

　　當土不足時，可用土性植物，也可以用生土的火性植物。

　　當金過旺時，可用剋金的火性植物，也可以用洩金的水性植物。

　　當木過旺時，可用剋木的金性植物，也可以用洩木的火性植物。

　　當水過旺時，可用剋水的土性植物，也可以用洩水的木性植物。

　　當火過旺時，可用剋火的水性植物，也可以用洩火的土性植物。

　　當土過旺時，可用剋土的木性植物，也可以用洩土的金性植物。

表 2-4　五行方位與對應植物總表

五行種類	方位	顏色	形狀	性質說明	植物舉例
金	西方 西北	白色 銀色 金色	圓形 半圓形	具白色系或金色（亮黃色）花朵、葉片或果實的植物，此外，植物名中有「金」字者亦屬之	中國水仙、白花蝴蝶蘭、百合、白鶴芋、玉蘭花、金銀花、銀葉菊、南瓜、黃金葛、鬱金香等
木	東方 東南	綠色	直形 長條形	一般綠色植物皆屬於木，主要以觀葉植物及種子類植物為代表	馬拉巴栗、竹柏、粗肋草、巴西鐵樹、綠寶石等
水	北方	藍色 黑色	曲形 流線形	具藍色系或深色花朵、葉片或果實的植物，此外，水生植物或水耕栽培植物亦屬之	瓜葉菊、鳶尾、飛燕草、藍雪花、藍花萬代蘭、開運竹（萬年竹）、大萍（水芙蓉）等
火	南方	紅色	銳形 三角形	具紅色系或粉色花朵、葉片或果實的植物	石榴、火鶴花、一串紅、仙客來、紅蘿蔔、觀賞鳳梨、朱蕉、紅葉鐵莧、紫錦草、紫絹莧、萬兩金、蝴蝶蘭等
土	東北 西南 中央	黃色 棕色	方形 橢圓形	具黃色系或棕色花朵、葉片或果實	菊花、黃蝦花、黃帝菊、文心蘭

十四、植物的吉祥開運技能

　　長久以來發展出的吉祥文化，源於對財運、事業、名聲、健康、愛情、文昌、貴人、子女等方面的期待，又稱為八大欲求，為國人熱愛生命、積極生活的展現。

　　八大欲求配合五行及方位，可作為植物挑選的準則，依照所希望的運勢來挑選及擺放植物。植物依其代表之八大欲求，可分類為：事業運、文昌運、健康運、財富運、名聲運、愛情運、子女運、貴人運植物等 8 種，並加上家庭運、綜合開運型植物及化煞驅邪植物共 11 大類，以下簡單介紹各類常見的吉祥植物。

西北方 金 貴人運	北方 水 事業運	東北方 土 文昌運
西方 金 子女運	中央 土 家庭運	東方 木 健康運
西南方 土 愛情運	南方 火 名聲運	東南方 木 財富運

圖 2-28　方位與運勢對應圖

（一）增加事業運植物

適宜以盆栽方式擺放在客廳桌面、檯面、茶几、花架或窗臺上，開花株可放在陽臺、窗臺以及客廳、書房、案頭等處。

開運植物與寓意：

1. 螃蟹蘭——錦上添花、鴻運當頭。

2. 開運竹——代表富貴吉祥、開運生財、節節高升、幸運到來、萬年常青。

3. 孤挺花——因古代做官者喜戴紅色官帽，孤挺花又名朱頂紅，象徵鴻運當頭、富貴榮華、喜慶吉祥。

4. 其他吉祥花木：觀賞鳳梨——旺來；虎尾蘭——抗壓耐磨應變有方；風信子——職場最佳好人緣；向日葵——領導力佳的陽光夥伴。

圖 2-29　增加事業運植物——孤挺花
　　　　　孤挺花可種植於客廳、窗臺外，開花時非常熱鬧喜氣，有喜慶吉祥、鴻運當頭的寓意。

圖 2-30　增加好人緣植物——風信子
　　　　　香味撲鼻的風信子，代表著職場最佳好人緣，風信子在臺灣以涼溫季節開花為主。

圖 2-31　陽光之子——向日葵
　　　　　象徵領導力佳的陽光夥伴，其豔黃色系，也帶來陽光朝氣的感覺。

（二）增加文昌運植物

可放置於客廳、書房、臥室等處，香草類可擺放於光線明亮的陽臺、書房、窗邊，可煮成花草茶飲用。

開運植物與寓意：

1. 羅漢松──因其生長緩慢，是靜心修練、穩健樸實的象徵，代表細水長流的努力必然有成功的一天。

2. 薄荷──為早期藥用植物之一，聞起來清爽、提神醒腦，可集中注意力提升考運。

3. 雞冠花──花形似公雞雞冠，樣貌昂首挺立，因此象徵登爵加冠、加冠中舉、功成名就。

4. 其他吉祥花木：狀元紅──家中出狀元；桂花──才德兼備貴人相助；木蘭花──花似毛筆而稱木筆文昌花；菊花──登科中舉。

（三）招健康運植物

可應用盆栽或切花，適宜擺放在客廳的桌面、檯面、茶几、花架上，或放置、懸吊於窗邊。

開運植物與寓意：

1. 長壽花──代表健康長壽、大吉大利、堅忍。

2. 竹柏──竹柏為古老的裸子植物，被稱為活化石，因壽命長，被認為有健康、長壽、吉祥之意，並有避邪作用。

3. 常春藤──寓意青春永駐、健康長壽。

4. 其他吉祥花木：人參榕──如老人長鬚代表長壽；金桔──吉利養生的聚寶樹；香草植物──全方位的天然保養品；萬壽菊──永駐的青春之花。

圖 2-32　增加健康運植物──常春藤
常春藤寓意青春永駐、健康長壽，在花市有白綠、黃綠等品種可選擇，適合以吊盆呈現其藤蔓美感。

(四) 招財富運植物

小型盆栽適宜擺放在玄關、客廳桌面、窗臺、茶几，或置於臥室、書房，大型編辮植株適於門口、廳室內各處；開花植物需擺放於窗邊光線明亮處。

開運植物與寓意：

1. 馬拉巴栗（發財樹）──生旺、開運發財、財源滾滾、根基穩健、仙掌呈祥，需注意綁上紅緞帶。

2. 翡翠木──葉片圓厚似錢幣，寓意富貴生財、財源滾滾。

3. 荷包花──花形似荷包，代表著財富，寓意願把財富獻給你、招財進寶。

4. 銀柳──銀兩滿屋、財源豐盛、一本萬利。

5. 其他吉祥花木：金桔、金柑──黃金滿滿、大吉大利；黃金葛──黃金多多；栗豆樹（綠元寶）──家中有元寶。

(五) 招名聲運植物

可以盆栽或切花型式利用，適宜擺放在客廳的桌面、檯面、茶几。

開運植物與寓意：

1. 桂花——桂與「貴」同音，代表貴氣、利名聲。

2. 蝴蝶蘭——幸福展翅逐漸到來。

3. 福祿桐——福祿壽喜好運高照。

4. 其他吉祥花木：觀賞鳳梨——鴻運罩頂旺旺來；火鶴——顏色火紅喜氣且鶴為仙人坐騎，代表新春紅不讓；爆竹紅——就如放鞭炮般的喜賀，迎新送舊慶歡樂。

圖 2-33　福祿桐代表福祿壽喜，好運高照，有羽葉福祿桐、白邊福祿桐等，姿態優雅，適合客廳及玄關布置

圖 2-34　蝴蝶蘭是臺灣重要的外銷花卉，其寓意幸福展翅翩翩飛來，大型盆栽適合開幕送禮，小型盆栽也可居家布置

（六）增加愛情運植物

盆栽或切花型式皆宜，適宜擺放在居家書房、臥室、客廳、窗臺等處。

開運植物與寓意：

1. 火鶴花——鴻圖大展、歡樂、喜慶、心心相印、熱情。

2. 繡球花——整體花形偏圓，象徵圓滿和希望，讓愛情心想事成。

3. 玫瑰——成熟的愛情、熱情洋溢、讓情敵知難而退。需注意若希望愛情細水長流，則須擺上雙數玫瑰並拔除刺。

4. 其他吉祥花木：百子蓮——勇氣十足的戀愛使者；瑪格麗特——少女夢幻的愛情預言；鬱金香——麵包愛情缺一不可；百合花——可選用粉色花朵，象徵百年好合。

圖 2-35　增加愛情運植物——繡球花
繡球花的整體花形圓滿，象徵希望與圓融，愛情心想事成，適合婚禮布置，捧花花材等。

(七) 增加子女運植物

盆栽可放置於臥房、窗邊。

開運植物與寓意：

1. 合果芋——其屬名為 Syngonium，源自於希臘語中的聚合、子宮，象徵新生命的孕育，祝賀家中子女興旺。

2. 石榴——石榴果實的種子數量繁多，象徵多子多孫多福氣。

3. 千日紅（圓仔花）——為民間陪嫁花卉，球狀花序象徵圓滿，且種子多象徵多子多孫。

4. 其他吉祥花木：康乃馨——無私奉獻的母親之愛，且不求回報守護子女的心意；芳香萬壽菊——家庭平安，多子多孫；梔子花——百子千孫的孕育象徵。

(八) 招貴人運植物

適宜放置於客廳的桌面、檯面、茶几，或是陽臺、庭院。

開運植物與寓意：

1. 水仙——「仙」可代表好兆頭，象徵請仙來祝賀、有貴人相助。

2. 仙客來——象徵眾仙進門，代表有仙人、貴人進門相助。

3. 桂花——桂與「貴」同音，代表貴人、貴氣。

4. 其他吉祥花木：桃花——桃花舞春風，利於人緣及人際關係建立；茉莉花——最佳親和力，創造好機緣；睡蓮——悠然戒定必能無往不利；觀音蓮——沉潛蓄積後的驚人能量；非洲菫——散發小愛的協助者。

圖 2-36　有歐洲盆花皇后之稱的仙客來，近年來在臺灣適應良好，尤以春節期間開花亮麗，象徵眾仙進門，仙人、貴人進門相助

（九）增加家庭運植物

開花株可放在陽臺、窗臺以及客廳、書房、臥室等處，最好可置於家人相聚的客廳，以盆花或切花應用皆可。

開運植物與寓意：

1. 石斛蘭──石斛諧音為「是福」，因此寓意有幸福、福氣、吉祥之意。

2. 蝴蝶蘭──蝴蝶蘭諧音「福疊來」，象徵喜慶、吉祥、幸福長久，可提升家運，好運自然來。

3. 繡球花──花形渾圓飽滿，象徵團圓、美滿及希望。

4. 其他吉祥花木：聖誕紅──平安喜樂的祝福；常春藤──家中四季常春，一切平安；報歲蘭──歲歲平安宜家室；文心蘭──活力熱情最和樂；百合──百年好合家庭和睦；水仙──眾仙祈福慶團圓。

圖 2-37　增加家庭運植物——石斛蘭
石斛蘭，石斛諧音為「是福」，因此寓意有幸福、福氣、吉祥之意，臺灣有秋石斛、春石斛及進口切花。

（十）綜合開運植物

適宜放置於客廳的桌面、檯面、茶几，開花植物需擺放於窗邊光線明亮處或是陽臺、庭院。

開運植物與寓意：

1. 孔雀草——孔雀自古即為吉兆，孔雀開屏象徵富貴呈祥，又名細葉萬壽菊，另有祝壽涵意。

2. 羅漢松——松被視為長青之樹，有長生不老松之說。羅漢松的種子似頭狀，種托似袈裟，全形如披袈裟之羅漢而得名。羅漢能保平安，寓意健康、長壽、富貴、守財，並且能夠避邪鎮宅。

3. 觀賞鳳梨——俗稱旺來，有鴻運罩頂旺旺來之意。

4. 福祿桐——象徵福到祿到，有加官進祿、財運亨通、福祿壽喜好運高照之意。

5. 其他吉祥花木：蝴蝶蘭——幸福展翅逐漸到來；報歲蘭——新春報歲好兆頭；報春花及迎春花——春神來了；一串紅——迎新送舊、喜氣洋洋、精力充沛；巴西鐵樹——生氣旺、步步高升、繁榮茂盛。

▍ 圖 2-38　孔雀草自古為吉兆，孔雀開屏象徵富貴呈祥，又名細葉萬壽菊，並有祝壽涵意

▍ 圖 2-39　綜合開運植物 ── 一串紅
　　　　　一串紅是臺灣生長旺盛的花壇植物，代表迎新送舊、喜氣洋洋、精力充沛等意涵，一看
　　　　　就是火火紅紅的熱情。

（十一）化煞驅邪植物（防小人）

適宜擺放在桌面、茶几、花架上，須放置於衰位，切花可擺放於玄關處。

開運植物與寓意：

1. 金琥——全身布滿堅硬的刺，有兇猛之意，被認爲具有化煞避邪之效，可遠離小人。

2. 九重葛——花葉茂密有尖刺，生性強健，易於種植，是良好的化煞植物。其植株健壯，開花時展現熱情、紅紅火火，因此也具有健康長壽、積極進取、堅韌不拔等吉祥之意。

3. 劍蘭——葉片修長似劍，象徵遇到小人或是非時可自我保護，排除壞運而迎接新氣象，其花朵由下向上發展，象徵福氣、圓滿、脫胎換骨。

4. 其他吉祥花木：馬拉巴栗——擋住煞氣，需注意應用時去除紅色裝飾；綠之鈴——葉似佛珠，吉祥驅邪保平安；金剛纂——株形似麒麟，可避邪鎮宅、保平安；竹柏——避邪保平安。

圖 2-40　化煞驅邪植物——九重葛
　　　　　九重葛花葉茂密有尖刺，生性強健，在臺灣易於種植耐乾旱，是良好的化煞植物。

圖 2-41　化煞驅邪植物──仙人掌
　　　　仙人掌類植物布滿堅硬的刺，被認爲具有化煞避邪之效，還有遠離小人之說。

十五、植物的花語

　　花語即「花的語言」，是人們利用花卉來代表人的語言，用以傳達人內心情誼的一種對話，每個族群或國家都有其使用花卉的意涵或所賦予的意義。花語的起源，在古希臘時期開始，透過愛神故事賦予玫瑰愛情的意涵之外，在古老的神話故事裡，種子、葉片、樹木和果實都被賦予意義，後來的花語部分是起源自植物生態的描述、歷史故事傳說、民俗使用或社會背景時代等。人們運用花語的寓意，成爲現今傳遞情感、表達意志的方法，在現今科技發達的社會裡，高度依賴使用 3C 產品，讓人逐漸失去面對面的談話能力，若能妥善運用植物的花語來提升社交互動機會，能爲生活增添更多情趣，拉近彼此之間的距離，感受內心的情感。

花朵的顏色與花語

1. 白色──純淨無瑕 vs. 神聖莊嚴

　　白色的花朵一般多給人高尚、純潔、無瑕的印象。白色是沒有汙染的色彩，代表純淨神聖的意念，在西方或者是東方國家，白色常與婚禮相關，如日本婚禮舉行時，女方是以一身純淨潔白的禮服象徵神聖與純潔。另白花的花語也多與神聖莊嚴有關，許多國家在喪禮會場布置上，也多會使用白色爲主要色調，來增加禮儀的莊嚴肅穆。

常見白色的花，如百合、緬梔、海芋、白花蝴蝶蘭等。

表 2-5　白色花朵花語

植物名稱	圖片	代表花語
百合		純潔、神聖、清純，清新脫俗
海芋		青春活力、高貴情誼。
緬梔		孕育希望、新生、優雅純潔
蝴蝶蘭		純潔的愛情，幸福美滿

續表 2-5

植物名稱	圖片	代表花語
白花波斯菊		少女的純情

2. 紅色 —— 熱情動力 vs. 危險警戒

火紅鮮豔的色彩，讓人感受到強烈炙熱情懷。紅是熱的表現色，紅色讓人感受熱情、興奮、溫暖、有動力的，在情人贈花禮儀上，經常使用紅色花朵代表情意；但過度的色彩表現，有時也會使人感受到危險、急躁與衝動。

不同紅色的色度，有不同代表花語，桃紅、粉紅、鮭魚紅是嬌嫩、溫柔的表現；金紅、深紅、緋紅等顏色較爲濃烈的紅色花朵，則有興奮、熱情、燃燒等意義。

常見紅色的花，如紅玫瑰、朱槿、紅花鬱金香、孤挺花、火鶴等。

表 2-6　紅色花朵花語

植物名稱	圖片	代表花語
紅玫瑰		熱戀、熱情、真摯激情的愛

續表 2-6

植物名稱	圖片	代表花語
朱槿		新鮮的戀情，微妙的美
紅花鬱金香		愛的告白與宣言、喜悅、美滿
孤挺花		渴望被愛、華麗之美
九重葛		熱情，堅韌不拔

3. 黃色──快樂活力 vs. 輕浮猜疑

陽光般亮麗的黃色帶給人希望和明亮，黃色同時也有熱烈的意涵，但相較於紅色，黃色顯得輕快、活潑、明朗；不過黃色也會讓人有種輕浮、猜疑、不確定和忌妒感。黃色的花朵非常適合贈與青年學子，代表前途光明的意思，因此我們經常在畢業季的時候，看見金黃色的向日葵，象徵太陽的光亮，引領學子們走在光明的人生旅途。

黃色調深淺也有不同的代表意涵，淡黃色、乳黃色象徵著淡雅、溫和；金黃、橙黃色則代表著光明、耀眼，但過多的黃色會有華而不實的感覺。

常見的黃色花朵，如向日葵、菊花、文心蘭、軟枝黃蟬、黃花風鈴木。

表 2-7　黃色花朵花語

植物名稱	圖片	代表花語
向日葵		光明、信念、光輝、仰慕
菊花		清淨、懷念、成功、長壽

續表 2-7

植物名稱	圖片	代表花語
黃帝菊		和平、美好
阿勃勒		金色之戀

4. 綠色──沉穩安定 vs. 神祕寂寞

綠色的光譜，有深遠而沉穩的意義，寂靜的森林，充滿悠悠的綠色。夏季的炎熱在大面積綠色籠罩下，顯得清涼。綠色是植物最大色彩，也是最能放鬆及緩解視覺疲憊的顏色。不過，悠遠而寧靜的綠色，也會使人感受到寂寞與冷淡。自然界中綠色是植物最多的色彩，大部分是葉、莖，在花朵上並不常見。

淺綠色調的花語是溫和、穩定與清新；而深綠色調則是縝密、沉著和安定。綠色花朵的代表有拖鞋蘭、蜘蛛蘭、日本春蘭、唐棉，綠色乒乓菊等。

表 2-8　綠色花朵花語

植物名稱	圖片	代表花語
綠色繡球		認真的愛

續表 2-8

植物名稱	圖片	代表花語
日本春蘭		遲來的愛、高潔
唐棉		甜蜜、纏綿、虛榮、自由自在
綠色乒乓菊		圓滿、長久

5. 紫色——高貴浪漫 vs. 自戀輕佻

深富羅曼蒂克的紫色，夢幻高貴是其花語。紫色是一個比較溫和而視覺刺激較弱的顏色，讓人感受浪漫、尊貴、嫵媚與華麗。但過強的紫色則有強勢的輕佻、自戀與魅惑。在基督教中，紫色代表至高無上和來自聖靈的力量；在西方羅馬時代，紫色也是貴族愛用的顏色，代表身分與地位。

溫和的淺紫色如粉紫色，是憐愛、浪漫的表示；深紫色如濃紫、紫紅、紫藍，則有華貴、自戀的意涵。紫色花的代表，如紫花三色堇、柳葉馬鞭草、大飛燕草、萬代蘭、番紅花等。

表 2-9　紫色花朵花語

植物名稱	圖片	代表花語
柳葉馬鞭草		正義、期待
紫花三色菫		深思熟慮
大飛燕草		輕盈、正義、關愛他人
萬代蘭		天長地久、信心、希望

6. 藍色──寧靜穩健 vs. 憂鬱冷淡

寧靜的深藍色海洋帶來深長的寓意，也帶著一種深不可測的憂鬱。藍色色調從明亮到深暗，從寧靜開闊到憂鬱冷淡，是一個具有多樣的色彩，藍色的花語也隨著色調的變化，而有著不同的含意。

藍色的花並不常見，多半會帶有紫色的色彩混合，常見的藍色花朵，如藍雪花、藍花楹、藍星花、大鄧伯花、藍色繡球花等。

表 2-10　藍色花朵花語

植物名稱	圖片	代表花語
藍雪花		冷淡、憂鬱
藍花楹		深遠、清涼、靜謐、開闊
藍色繡球花		美滿、團圓

CHAPTER 3

體驗健康園藝植物

一、觀察花草樹木的生活智慧

二、了解植物告訴我們的人生哲理

三、適合健康園藝的香草植物的特性與用途

四、常見的香草植物及其應用

五、茶文化歷史

六、茶葉的保健功能

七、臺灣常見特色茶簡介

一、觀察花草樹木的生活智慧

（一）灌木

1. 變葉木

大戟科多年生的灌木，葉形、葉色多樣化。

葉形有不同的表現方式，陽光強、溫度高越鮮豔，葉綠素不顯現，故較亮麗。象徵人應走向陽光，揮別陰暗，迎向人生光明面。

圖 3-1　象徵陽光的植物——變葉木

2. 黃金金露華

馬鞭草科常綠灌木或小喬木，因球形核果成熟時會轉變成金黃色，一串串就像是金色露水而得名。金黃亮麗的葉片與淡藍紫色的花朵亦極具觀賞價值。

葉緣前端有鋸齒，中間與基部則為平整狀，象徵中庸之道。葉片金黃色，與其他不同，所以被拿出來運用。遭遇逆境或植株老化時易有返祖現象，即全葉變綠。逆境寒害呈現紫黑色缺磷症狀。臺灣連翹，象徵硬頸精神，砍一個頭還有千千萬萬頭，容易繁殖。

3. 杜鵑花

杜鵑花科杜鵑花屬（Rhododendron）之灌木，拉丁文裡的「Rhodo」表示薔薇

或玫瑰，「dendron」表示樹林，合起來有「玫瑰樹」的意思。杜鵑花種類及品種眾多，生長適應性強，花形變化豐富、花色繁多、開花期長，是世界著名花卉，主要作為盆栽及庭園綠美化植物。此外，杜鵑花也是中國十大名花之一，享有「花中西施」的美譽。

欣賞杜鵑花的「祕訣」：在臺灣平地公園綠地最常見的杜鵑花為「平戶杜鵑類」，首先欣賞的是「花色」，包括紫紅色的「豔紫杜鵑」，粉紅色的「粉白杜鵑」，白色的「白琉球杜鵑」，白色花而花瓣帶有紅色斑點或條紋的「雪白杜鵑」，以及磚紅色的「大紅杜鵑」。

其次欣賞的是「血跡」，也就是每朵杜鵑花五片花瓣中，朝上的那一片會帶有集中的斑點。「杜鵑」原本是一種鳥名，相傳為秦代蜀帝杜宇之魂所化，杜宇勤政愛民，禪讓皇位後，內心仍繫念國事及子民，於是化為鳥兒，聲聲呼喚「不如歸、不如歸」，直到口吐鮮血，灑落在不知名的花朵上，形成斑駁的豔麗色彩，百姓為了感念杜宇，為鳥兒取名「杜鵑鳥」，花朵取名「杜鵑花」，古人乃有「杜鵑啼處血成花」之說。因此「豔紫杜鵑」花心帶有紅色斑點；「粉白杜鵑」花心帶有紅色斑點；「白琉球杜鵑」及「雪白杜鵑」花心帶有青黃色斑點；「大紅杜鵑」花心帶有深紅色斑點。然而如果用生態學的觀點，杜鵑花最上面的花瓣上，像「血跡」的斑點，其實是吸引昆蟲的識別標誌；也就是吸引喜歡杜鵑花的昆蟲前來覓食並完成授粉的工作。套句現在的術語，我們可以稱其為杜鵑花的 QR Code 二維條碼。

最後可以欣賞杜鵑花的「變異」，我們漫步在杜鵑花叢中，除了欣賞杜鵑花的天然美色外，若細心觀察，還會有有趣的發現喔！例如，當您發現同一株杜鵑有不同顏色時，其實有時只是不同品種栽種在一起，但有時真的是同一枝條、甚至同一花朵有不同的花色出現，這是因為花芽發育過程中，生長點發生突變，產生變異的結果，園藝上稱為「芽條變異」。

4. 七里香

芸香科常綠性灌木或小喬木，葉互生、全緣，呈現卵形至倒卵形，表面有光澤。花冠白色，花香濃郁，能傳揚甚遠，故有七里香之稱。

七里香能夠香七里，象徵人若芬香遠近皆知。花若盛開，蝴蝶自來，人若精彩，天自安排。

▎圖 3-2　象徵個人高尚情操的七里香

5. 紫薇

　　千屈菜科落葉灌木或小喬木，樹皮平滑，灰色或灰褐色；枝幹多扭曲，小枝纖細。花色鮮豔美麗，淡紅色或紫色、白色。

　　千屈菜科，因千方委屈，老天賞賜美麗花朵。象徵天生我才必有用。

▎圖 3-3　象徵天生我才必有用的紫薇

6. 橘

芸香科常綠灌木或小喬木，花朵白色具有香味，葉片搓揉亦有淡淡柑橘香味。

南方的橘樹移植至淮河以北，結成的果實稱為枳。語本《晏子春秋・內篇・雜下》：「橘生淮南則為橘，生於淮北則為枳。葉徒相似，其實味不同。所以然者，水土異也。」後比喻人的品性會隨環境的不同而改變。

（二）藤蔓

1. 使君子

使君子科落葉性蔓藤植物，花剛開時，由白色漸漸轉成桃紅色，一眼望去像是一株開著兩種顏色花朵的植物，有雙色佳人的雅稱。

夏日多數花兒都不耐熱，但使君子卻選擇在炎炎夏日開花，花朵初開時，以白色最香，之後轉為紅色，讓大家一次驚豔。有「十年寒窗無人問，一舉成名天下知」的意涵。

圖 3-4　象徵一舉成名的使君子

2. 薜荔

桑科木質藤本，全株含白色乳汁。葉為單葉互生，卵形至橢圓形。雌雄異株，雌花單獨生長在雌株上，雄花與蟲癭花長在雄株上；花序為隱頭花序（隱花果）倒圓錐狀球形。

幼年期發根能力強，緊緊攀附牆壁，葉片比榕樹小；成年時少發根，葉片則比

榕樹大。雄株是為榕果小蜂而存在，雌株則為繁殖。好吃的愛玉就是雌株裡的果膠所洗出來的。

3. 爬牆虎

葡萄科多年生落葉蔓性藤本植物。莖卷鬚粗短而多分叉，末端變成吸盤狀，因此能緊緊地攀爬在石頭、牆壁或樹幹上。

透過觀察爬牆虎的生長特色，可以與人生經驗連結，人生要有目標，吸在牆上一直努力往上爬，經過一番適當努力，就有美麗人生。

(三) 喬木

1. 山櫻花

薔薇科，樹幹通直，樹皮紅褐色具光澤，樹幹有似嘴巴狀的小皮孔。新葉有羽毛狀托葉，葉柄先端各有一腺體，綠色、光滑，幼年植株會分泌汁液，吸引小螞蟻前來吸食。花緋紅色，下垂，花先開放，花期結束後葉芽才生長。

山櫻花的新葉有羽毛狀托葉，比葉片大，生長到一定程度會功成身退，象徵在生命裡有一天我們也會退下。臺灣山櫻花顏色最深，花梗長，小花多，呈現下垂，有熱鬧之感。

圖 3-5　象徵功成身退的山櫻花

2. 日本櫻花

薔薇科落葉喬木，樹皮為茶褐色，有多種園藝栽培種。花多姿態優美，花朵眾多，開花時期不具葉片，花朵占據整個樹幅，非常壯觀，花瓣飄落時，猶如綿綿細雨，輕輕柔柔，相當受人喜愛。

日本賞櫻 —— 由於櫻花的字源於穀神，宛如春天的使者，通知農民春天的到來，在櫻花樹下宴飲狂歡，祈求當年農作的豐收。

櫻花為日本的象徵，並且將武士忠君愛國的情操與櫻花連結在一起，「花是櫻花、人為武士」。日本提到花的話，當屬櫻花，而人則為武士。櫻花在極短的花期中努力地綻放，正是人生該有的態度，宛若忠君的武士，只在最為絢爛的時候繁華落盡、化成塵土。

此外，新芽萌發時，托葉具保護幼嫩葉片的功能，在葉片成熟後，托葉即功成身退。

▍ 圖 3-6　象徵功成身退的日本櫻花

3. 龍柏

柏科成熟樹形有如群龍直衝天際，故名龍柏。

龍柏幼年葉針狀、扎手，比喻年幼時孩童脾氣比較不好，而隨著樹形逐漸成熟，葉片變得圓潤，象徵隨著歲月的增長，孩子們長大，做人處事比較圓融，就不會與人衝突。

此外，龍柏在春天生長最多，五月後生長緩慢，提醒我們須把握時光，時光飛逝即去，莫虛度時光陰。

4. 松（柏）

松柏類植物通常能生長很久，許多神木級的樹種皆為松柏類。松柏植物的針狀葉與毬果是主要觀賞部位。針形的葉子，在短枝上呈簇生狀，一束一束的長在枝條上，針狀葉外層有一層蠟質外膜和厚厚的角質層，可以減少松樹水分的喪失，使得松柏能在寒冷的地方生存不致死亡。松樹的毬果皆由許多鱗片緊密排列組成，會隨氣候的變化裂開或合閉，如此特殊的果形，亦是園藝上觀察和運用的重點。

四季常青且堅毅耐寒的蒼松綠柏，象徵威武不屈的氣節，精神為長壽象徵，因此稱松柏常青，也由此奠定了松柏在文人墨客心目中的地位，蒼松則被列為歲寒三友之首。古書中《詩經·小雅·天保》：「如松柏之茂，無不爾或承。」；《莊子·讓王》：「大寒既至，霜雪既降，吾是以知松柏之茂也。」；《三國志·卷二七·魏書·王昶傳》：「松柏之茂，隆寒不衰。」等，皆由觀察松柏長青之茂，比喻禁得起考驗、歷久不衰之意。

關於觀察松柏而得的人生體會，從古至今多有文人雅士紀載，如賈島《尋隱者不遇》一詩中：「松下問童子，言師採藥去。只在此山中，雲深不知處。」其中松表其安貧樂道，不與世俗、清潔孤傲之志。深層則暗示隱者傍松結茅，以松為友，渲染出隱者高逸的生活情致。

此外，在許多畫作中也常畫著白鶴在蒼松之下遊憩，並且還畫著附生在石頭上的靈芝，有「松鶴遐齡」的意思，表達人們對長壽的嚮往，常用於一般壽誕者的祝壽賀辭。有的畫作也以石頭和松濤為主要繪畫對象，透過畫作表現松濤堅毅不拔的精神，如唐寅《山路松聲圖》等。

圖 3-7　象徵松柏長青的松柏

5. 杜英

杜英科小喬木，其小枝纖細。即將凋落的老葉呈現紅色。

葉片功成身退要落下前，將養分回流給幼葉（子女）。因此老葉葉綠素分解後呈漂亮紅色，再優雅落下，象徵年紀大仍有用途，呈現了最美一面。

6. 錫蘭橄欖

杜英科常綠喬木，果實大，果實外形很像橄欖，但不是真正的橄欖，其果肉薄而味酸，可加工醃漬成蜜餞。由於樹形優美，適宜當行道樹及庭園樹種。

與杜英同科，其果實較杜英大，葉柄呈扁擔狀，兩邊兼顧，象徵事業、家庭都兼顧得宜。

7. 青剛櫟

殼斗科大喬木，樹形高大，葉片前端呈現鋸齒、基部全緣。果實呈殼斗杯形，像只碗。

葉緣前端有鋸齒，中間與基部則為平整狀，象徵中庸之道。殼斗基座呈同心圓，象徵圓滿、圓融與向心力。

8. 茶花

山茶科，植株形態優美，花色眾多，花形多姿，花期從 11 月到翌年 2 月。

重瓣花為雄蕊瓣化而來，每朵瓣化程度不一，因此獨一無二，雄蕊瓣化的同時成為不稔性，可開花卻無法結果。花朵漂亮的沒有下一代，魚與熊掌不可兼得，象徵知足常樂與惜福。

▍圖 3-8　象徵知足常樂與惜福的山茶花

9. 鳳凰木

蘇木科大型喬木，植株葉片為二回羽狀複葉。冬季會落葉，花大而豔麗，數目甚多，開放時將樹冠染成一片猩紅，甚為美觀。果實豆莢可做成許多手作和童玩，如關刀、衣架等。

鳳凰木性喜乾熱、不耐陰，冠幅無法遮蔭，但超耐旱，其板根發達，板根粗大穩固，具有自己特色，象徵著人們顧好根基，活出屬於自身的一片天。

▍圖 3-9　象徵根基穩固的鳳凰木

10. 樟樹

樟科常綠喬木，爲常綠型大喬木，全樹具有芳香精油，樹幹挺直。灰褐色的樹皮縱粗裂紋，葉片搓揉有樟腦的辛香味，果實爲核果球形，成熟時呈黑色。

因成熟樹皮縱向裂紋像商周甲骨文，《本草綱目》記載：「其木理多文章，故謂之樟。」所以在「章」字旁加了一個木字，成爲這種美麗植物的永久標記。

陳榮仁《哀臺灣十首》：「一從行省建，風土倍繁華。鍊木樟成腦，採山金有沙。」日治時期的臺灣樟腦是一項非常重要的海外貿易產品，不僅稱霸了整個海外的樟腦市場，也是挹注臺灣財政的金雞母之一，因此大量樟樹也遭到砍伐，在德國樟腦油開始大量生產後，臺灣樟樹得以保住生命不致絕種。樟樹葉片有明顯的三出脈，象徵著人生總有岔路，世界上沒有最好的選擇，只有最適合的選擇。

圖 3-10　象徵人生選擇的樟樹

11. 牛樟

樟科爲臺灣原生特有樹種。常綠型大喬木，樹高可達 30 公尺，樹皮茶褐色粗糙，具有縱裂。木材間具有芳香，植株花多亦具有香味。

牛樟是臺灣特有的常綠闊葉大喬木，葉片大但不含樟腦。在當時沒有生產樟腦出口的經濟價值，被視爲無用之木，免於砍伐得以保存。然而，牛樟的木材會被一種眞菌寄生，初生時鮮紅色，漸長變爲淡紅褐色、淡褐色或淡黃褐色。牛樟芝爲臺灣特有種，又稱樟芝。被寄生的樹木看似爲罹病株，且爲無用之材，隨著眞菌的生長，而長出具有療性的牛樟芝，反而成就醫療上的重大發現，在這樣看似「無用之用，其實是爲大用」，天生我才必有用。

12. 桐花

大戟科落葉型喬木，生長快速，枝幹直立。花白色，成熟後花心略帶一點紅色。雌雄異花同株，雄花授粉後會掉落。

「桐」原本是指挺直的大喬木、生長快速，有掌狀或圓形的大葉片。臺灣原生種的「臺灣泡桐」，在日據時代是臺灣的經濟樹種，材質輕軟粗糙，顏色灰白，可供製造家具、櫥櫃、木箱、木屐，有「臺灣綠色黃金」之稱。

但1979年因為臺灣泡桐感染了簇葉病，80%的臺灣泡桐死亡，農民無泡桐可外銷，就種植與臺灣泡桐相似的「皺桐（油桐花）」取代，但油桐的材質日本人無法接受，全被退貨。油桐木材無法外銷後，就任其自然生長繁殖，山林裡每年油桐花開滿樹梢時，一大片白花占滿山頭，花朵飄落時，就像下一場五月雪般壯觀，吸引無數遊客追逐欣賞。油桐花之所以成為象徵客家人的花，因油桐樹性喜生長在丘陵、山坡地及貧瘠的黃紅土，而且生長環境越差，花開得越漂亮，這項特性與客家人隨遇而安的精神相符，也傳達「無用中自有大用」的寓意。

▎ 圖3-11　象徵無用為大用的桐花

13. 臺灣欒樹

無患子科落葉大喬木，果實為蒴果，由像燈籠狀粉紅色的三瓣片合成，形似紅色的小氣球，相當耀眼。

臺灣欒樹又稱為臺灣四色樹，綠色葉、金色花、紅色苞片、結果時苞片變成咖啡色，象徵人生年幼到成熟的變化，多采多姿。

14. 白千層

桃金孃科常綠大喬木，樹幹呈褐白色，常長突起的樹瘤，樹皮褐色或灰白色，有彈性，鬆如海綿。

每年木栓形成層都會向外長出新皮，並把老樹皮推擠出來，但老皮仍然層次分明地一層貼著一層的留在幹上，在森林大火後仍可活著，象徵真金不怕火煉。

15. 九芎

千屈菜科落葉喬木，樹幹十分光亮平滑，好像上過一層蠟。連善於爬樹的猴子都會滑下來，所以又叫做「猴不爬」。

九芎植株的枝幹堅硬，可做木釘、家具與柺杖，象徵硬骨精神。

16. 蘋果

薔薇科小落葉喬木，樹葉叢生，葉子呈卵形，花是粉紅色，果實秋天成熟。結出的果實是蘋果，是一種常見水果。

希臘神話故事中，金蘋果是一珍貴寶物，著名的「金蘋果事件」，即間接導致特洛伊戰爭的發生。傳說中 Eris 是一位愛製造紛爭、不受歡迎的女神。當國王 Peleu 和靈芙仙子 Thetis 舉行婚禮時，並未邀請 Eris。導致 Eris 憤恨不平，於是想了一個計策來刻意製造紛爭。

Eris 在婚宴當天，丟了一顆金蘋果，上面刻著：給最美麗的女神的。所有女神都想要那顆金蘋果，但其中 3 位最尊貴女神才有資格得到。這 3 位女神分別是：宙斯的妻子（婚姻女神 Hera）、愛情女神 Aphrodite 以及戰爭女神 Athena。這三位女神來到宙斯面前，要求他做裁決。而他不想蹚這場渾水，他告訴 3 位女神，在特洛伊有一位正在牧羊的年輕王子 Paris，他對美有專業的評審眼光，請 3 位女神去問他，金蘋果該由誰得到。於是 3 位女神來到 Paris 的面前，要求他做選擇。

Hera 說：「如果你把金蘋果給我，我就讓你做全歐洲和亞洲的王。」

Athena 說：「如果你選我，我就讓特洛依打贏希臘，讓希臘被徹底摧毀。」

Aphrodite 說：「如果你選擇我，我就給你全世界最美麗的女人 Helen。」

因為王子非常嚮往愛情，雖然明知 Helen 是斯巴達國的皇后，他仍將金蘋果給了 Aphrodite。Aphrodite 把 Paris 送到了斯巴達，斯巴達國王和王后（Helen）把他當尊貴的客人招待，但是 Paris 卻趁著國王不在的時候，偷偷帶走了 Helen。斯巴

達國王回來之後怒不可遏，並向他的兄長 Agamemnon 求助，於是就此展開一場希臘與特洛伊之間的戰爭。

蘋果在文學和科學上常作為啟發的代表，著名的古希臘哲學家蘇格拉底掏出一顆蘋果，對他的學生們說，這是我剛剛從果園裡摘下的一顆蘋果，你們聞聞它有什麼特別的味道。每一個學生都回答聞到了蘋果的香，唯有柏拉圖回答：「老師，我什麼味道也沒有聞到」。同學們都萬分詫異。此時，蘇格拉底說：「只有柏拉圖是對的，這是一顆蠟做的蘋果。

蘇格拉底對他的學生們說：「永遠不要用成見下結論，要相信自己的直覺，更不要人云亦云。我拿來一顆蘋果，你們為什麼不先懷疑蘋果的真偽呢？不要相信所謂的經驗，只有開始懷疑的時候，哲學和思想才會產生」。

17. 梅

薔薇科落葉喬木，梅樹的花期不畏寒冬，在 12 月底至 2 月（晚冬至早春），花有五瓣，直徑視品種與栽培模式為 1 ～ 3 公分。花色有白色、粉紅與深紅等，具有淡淡芳香。梅子為梅樹的果實，是一種核果具溝、密被短柔毛、味酸，未成熟時為綠色，果熟時多為黃綠色。

古人稱頌梅有四德：「初生為元，開花如亨，結子為利，成熟為貞。」自古以來，梅花不畏寒冬、傲然卓立的高貴品格，深受文人雅士喜愛，象徵著堅忍內斂，梅花歲首早開，為百花之魁，亦為「梅、蘭、竹、菊」四君子之首。梅花與菊花也常常用來象徵隱士或心志高潔的人。

「松、竹、梅」並稱為歲寒三友，而梅花則是唯一並列的花類植物，所以梅花在中國文學史上的地位可說備受推崇。唐朝黃檗禪師《上堂開示頌》曰：「不經一番寒徹骨，怎得梅花撲鼻香？」梅花傲雪迎霜、凌寒獨放的性格，勉勵人克服困難、立志成就事業。

圖 3-12　象徵堅忍內斂的梅花

18. 桃

薔薇科落葉喬木，樹高可達6～8公尺，樹皮暗灰色，隨時間生長會出現裂縫，有時具裂孔。植株形態優美，花單生，從淡至深粉紅或紅色，有時為白色，有重瓣或半重瓣，為主要園藝上觀賞之處。

在中國文學使用上，可看見文人利用桃來比喻各種人生智慧。

《詩經·大雅·抑》相傳春秋衛武公所作，用以自勵「爾為德，俾臧俾嘉。淑慎爾止，不愆于儀。不僭不賊，鮮不為則。投我以桃，報之以李。彼童而角，實虹小子。」意思是指「人民都效法你的德行，所以你要使你的行為又善良又美好。你要謹慎行為，不失於禮儀，不踰越本分，不害於道理，那麼就很少人不以你作為準則了。因為人家送給我桃子，我回報他李子，這是很合理的。如果有人說小羊的頭上生了角，那就是在欺騙人了。」後來用以比喻朋友間友好往來或相互贈答。

《晏子春秋·內篇·諫下》春秋時齊相晏嬰向景公獻計以二桃賜公孫接、田開疆、古冶子三勇士，令其論功領賞，欲其自相殘殺以除後患。後3人因此而自殺。是謂「二桃殺三士」，爾後用以比喻運用計謀殺人。

唐朝白居易《奉和令公綠野堂種花》：「綠野堂開佔物華，路人指道令公家。令公桃李滿天下，何用堂前更種花。」比喻老師培養的學生和優秀人才極多，天下四方無處不有。

唐朝崔護《題都城南庄》：「去年今日此門中，人面桃花相映紅。人面不知何處去？桃花依舊笑春風。」喻所愛慕而不能再見的美麗女子，以及由此而產生的悵惘心情。

此外，桃花也與避邪有關，相傳東海度朔山有株木桃樹，蟠曲三千里，其枝間東北是眾鬼出入的鬼門，有神荼與鬱壘兩位神仙把守，傳說這兩位神仙能轄制百鬼，他們每日巡查，專捉惡鬼，用繩索綑綁起來去餵老虎，人們為了達到驅鬼避邪的目的，就把神荼與鬱壘兩位神仙刻在桃木板上，製成桃符。馮鑑《續事始》：「元日造桃板著戶，謂之仙木；……即今之桃符也。其中或書神荼、鬱壘之字。」五代後蜀宮廷也在桃符上題聯語，以後漸漸改寫於紅紙，貼於門上；現在的春聯是由桃符演變而來。

圖 3-13　象徵多種人生智慧的桃花

19. 杏

薔薇科落葉喬木，於春天開花，花朵單生或 2～3 個同生，為淡紅色花，為園藝上觀察的重點。

杏花因春而開花，春盡而凋落，象徵著絢麗燦爛的無限春光，也有凋零空寂的淒楚悲愴，所以歷代文人們對其歌頌的作品更是不勝枚舉。

《莊子・漁父》：「孔子遊乎緇帷之林，休坐乎杏壇之上。」相傳孔子喜愛杏花，講學之處種有很多杏樹，因此後世遂稱講學的地方為「杏壇」，引申為教育界。

據說三國吳國董奉隱居廬山，為人治病卻不收錢，僅要求重病治癒者種杏樹 5 株、輕者 1 株，數年後，杏樹達逾 10 萬株，蔚然成林。待到杏子熟時，他對人們說：「誰要買杏子。不必告訴我。只要裝一盆米倒入我的米倉，便可以裝一盆杏子。」董奉又把用杏子換來的米，救濟貧苦的農民。因此人們用「杏林」稱頌醫生，杏林

春意盎然，則是讚揚醫生的醫術高明，現指濟世救人的醫學界。

20. 楊樹

楊柳科落葉喬木，生命力相當旺盛，在貧瘠的土壤亦能生長良好。樹皮白至灰白色，深根性，抗風力強。

入秋之後楊樹葉片開始變黃凋零，入冬之後全株彷如枯死，因此稱為「枯楊」，在古人的詩詞中用以形容悲悽的景色。唐朝李白《上留田行》：「行至上留田，孤墳何崢嶸。積此萬古恨，春草不復生。悲風四邊來，腸斷白楊聲。借問誰家地，埋沒蒿里塋。」即是在感嘆一種悲愴哀戚的心情。

21. 柳樹

楊柳科落葉性喬木，葉互生，單葉。柳枝細長而柔軟下垂，喜歡生長於溼地；樹幹、樹皮組織較厚，會有縱裂痕跡。柳樹枝條纖細柔軟，婀娜多姿，在中國文學作品中經常出現，文人視柳為溫柔謙遜的象徵，多喜在家居四周種柳以自勵。

《三輔黃圖》：「霸橋在長安東，跨水作橋，漢人送客至此橋，折柳送別。」唐朝李白《勞勞亭》：「天下傷心處，勞勞送客亭。春風知別苦，不遣柳條青。」因為柳與「留」同音，因此用以表達留客、留戀難捨之情。

宋朝陸游《遊山西村》：「莫笑農家臘酒渾，豐年留客足雞豚。山重水複疑無路，柳暗花明又一村。簫鼓追隨春社近，衣冠簡樸古風存。從今若許閒乘月，拄杖無時夜叩門。」形容綠柳成蔭、繁花似錦的景象；也比喻絕處逢生的希望。

22. 榕樹

桑科大喬木，高可達 20 公尺以上，莖幹粗實，樹皮光滑。主根粗壯，常有懸垂的氣生根，氣生根若深入土中，則能逐漸發育成支柱根，可支撐樹幹。果實為隱花果，初為綠色被白點，後轉為粉紅，為鳥類喜愛的果實。榕樹生命力旺盛，整株砍頭後，仍可從幹莖上的芽點萌芽，且四季長青。

榕樹是典型的熱帶植物，榕樹常利用支柱根使樹冠向四周連綿擴展，遮覆大片土地。而其葉尾尖，猶如排水溝槽具有排水功能。榕樹的枝幹上生長著很多飄浮的氣生根，氣生根一旦著地便會生根（支柱根），而上部就會長枝葉，又形成一棵新的小榕樹。而地下的根變成板根，截留雨水。

榕樹是昔日臺灣鄉村的典型植物，經常出現在文人詩句中，清朝孫元衡：「翠

竹斜榕小徑通」，在閩粵很多地方的少數民族視榕樹為「神樹」，客家人有一句俗語，叫做「前榕後竹」。因為客家人喜歡種植榕樹和竹子，並且多把榕樹種植於村前屋前、竹子種植於村後屋後，這也成為一個習俗。客家人認為榕就是「容」的意思，既能容己，又能容人。

榕樹無論是海邊岩石上，或山麓地帶的溝渠旁，均能生長，具有頑強的生命力，且終年四季長青，象徵著茂盛、長壽。

圖 3-14　象徵長壽、長青的榕樹

23. 茄苳

大戟科大型喬木，生命力強，可生長成巨樹。樹幹粗糙不平，葉片為三出葉，花朵雌雄異株，果實為漿果，未成熟時是青綠色，成熟時則為褐色，可醃漬食用。

清朝張湄《劍潭》：「空明潭影月溶溶，向夜寒隨劍氣衝。三尺枯蛟抱樹死，祇餘秋水繞加冬。」加冬即樹名茄苳，高聳蔽天，相傳荷蘭插劍樹上，樹忽生皮，包劍於內，不可復見。以此推測劍潭附近當時應散布許多巨大的茄苳樹，詩人見景思物。

清朝孫元衡《郊外》：「最愛茄冬樹，標青上碧霄」，證明了古代臺灣多高大的茄冬樹，木材堅重，但乾燥時易變形，不適合製作家具，也因「不材、寡伐」，所以各地多留有百年茄苳巨木。

由於茄苳樹冠大多呈傘形，樹幹多粗壯、耐颱風，其展延開闊的樹冠下，和榕樹一樣，成為古時民眾夏季休憩乘涼、集會聊天的好去處，且其濃密的樹冠以及褐

色粗糙的寬大樹幹，就像一位歷盡滄桑的長者，所以茄苳又稱之為「重陽木」，有敬老之意。

▌圖 3-15　象徵敬老重陽的茄苳

（四）其他

1. 大王椰子

棕櫚科，植株單幹直立，可高達 18 公尺，具環紋，中央部分稍肥大。葉羽狀全裂。

高大像國王，頂芽優勢特別強，但頂芽死就沒救，因此強出頭富風險。大王椰子獨善其身但無樹蔭。其餘樹種則較有合作精神，樹蔭相連。樹幹似水泥柱，有胖有瘦，代表生命歷程，已呈現水泥色的樹幹不會再生長了。綠色葉鞘於好環境會長胖，象徵人生有順有逆。

2. 蘇鐵

鳳尾蕉科常綠木本植物，主幹粗大，全株密被遺留的葉柄殘痕。單性花，雌雄異株，毬果花頂生。葉為一回羽狀複葉，羽狀裂片邊緣反捲是蘇鐵最重要鑑別特徵。

蘇鐵為蘇鐵門項下唯一的物種，是世界上最古老的活化石，早在三疊紀就有發現其蹤跡，生存力強象徵著隨遇而安、安身立命的道理。

相傳蘇東坡精通詩畫，做官清正廉明，但因得罪了奸臣，被革去了官職，流放到海南島，朝中孽臣還說，蘇東坡被革職都已經 63 歲了，想從海南島活著回來，除非鐵樹開花。蘇東坡到海南後，當地一位耆老送給他一盆鐵樹，並且講了一個火

燒金鳳凰的故事給他聽，聽完之後蘇東坡大受感動，知道自己正義鐵骨和不屈淫威的精神就和金鳳凰化成鐵樹一般，因此蘇東坡每日悉心照顧，沒想到鐵樹有日終於開花，京城也傳來好消息要他回朝當官。但其實鐵樹性喜溫暖，在溫暖的地方容易開花。整個故事的意涵若在所處環境下遭逢困難，也許換個想法或情境，事情就變得容易許多。

3. 黃椰子

棕櫚科植物，直立莖，莖叢生，無分枝，修長細桿狀，樹幹表面平滑略粗糙，基部膨大，具明顯葉痕節環，環紋黃或黃綠。

黃椰子生長時會萌生小側芽，經常新生莖及老化莖都生長在一起，象徵了人們三代同堂，才不會晚景淒涼。若在修剪時因省事把小的砍除，就只剩最老的莖，整個植物顯得空空蕩蕩，場景淒涼，不如順勢生長，自然有老中青，也象徵著世世代代更迭。

4. 竹子

禾本科多年生的竹子，其最大觀賞重點在於高挺巨大且中空的節。

勁節高挺卓然獨立，線條直而流暢秀美；枝葉隨風翻轉，通體中空有節且青翠，不畏霜寒長年展綠。竹節空心卻能保持挺立，直外虛中、虛心有節，因此被稱為「高風亮節」的全德君子植物，也常被文人們喻為象徵君子的品格高風亮節。唐朝白居易《池上竹下作》一詩中：「水能性淡為吾友，竹解心虛即我師。」隱喻竹莖中空，表示人要謙虛，竹節分明則表示人要有節操。

《晉書‧杜預傳》：「今兵威已振，譬如破竹，數節之後，皆迎刃而解。」形勢就像劈竹子，頭上幾節破開以後，下面各節順著刀勢就分開了，比喻節節勝利，毫無阻礙。

宋朝蘇軾《文與可畫篔簹谷偃竹記》：「故畫竹，必先得成竹於胸中。」有位青年想學畫竹，得知詩人晁補之對文同的畫很有研究，前往求教。晁補之寫了一首詩送給他，其中有兩句：「與可畫竹，胸中有成竹。」原指畫竹子要在心裡有一幅竹子的形象，後比喻在做事之前已經拿定主意。

唐代《酉陽雜俎續集》記載，北都只有童子寺里有一叢竹子，剛數尺高，主管寺院事務的綱維和尚，每日都向寺院有關人員報告竹子沒有枯萎、很平安。後以

「竹報平安」指平安家信，簡稱「竹報」，成為吉祥平安的象徵。

▎圖 3-16　象徵高風亮節的竹子

二、了解植物告訴我們的人生哲理

　　人之所以喜歡寬廣的綠地、巨大的樹木、美麗的花朵、新生的枝椏……，是因為我們自古以來即與大自然相互依存著。我們透過觀察植物的生長語言，解讀植物生長的訊息，進而探究人生的哲理。

　　植物雖然無法言語，但透過形態的表徵，能夠讓我們知曉其身體語言。觀察一棵闊葉樹木，在其受風面的一側，樹幹及枝條容易傾斜，但再往下察看，會發現在迎風面的一側，樹幹基部會快速生長（稱為「反應木」（reaction wood）），並長出粗根來拉住樹幹，穩住樹體，因此被稱為拉拔材（tension wood）；反之，如果是針葉樹，則在背風的一側，樹幹基部會快速生長，頂住傾斜的樹幹，防止樹幹繼續傾斜或折斷，因此被稱為支撐材（compression wood）。這就如同我們人一樣，如果自身的基礎穩固，面對問題能夠做出強而有力的正確反應，即使面對困難或挫折，我們都能有所因應、坦然以對，勇敢、樂觀、積極地生活下去。

　　在森林間，我們抬頭向樹冠層望去，會發現一個有趣的現象，許多樹種間樹冠層的枝葉並不會相互碰觸，即使間隔空間相當狹窄，相鄰的枝葉不會重疊，而是

各自有一塊生長區域，而彼此之間留下一條一條蜿蜒的小徑，此現象在高大的樹林間，很容易觀察到，稱之為樹木的「羞避現象」（crown shyness）。而羞避現象在草本植物也能觀察到相同情形，合果芋年幼的葉片是呈戟形葉，但等到枝條向上生長，葉片的形態發生改變，由戟形葉變成三出或五出葉片，甚至會形成七小葉，其葉片形態的改變，能使通透到下層的光線變多，下層的幼年葉片能有機會獲取較多的光線以維持生長所須。以上這些植物生長形態或生長模式的改變，我們稱之為植物間的「禮讓運動」。

在中國安徽省有一條「六尺巷」相當著名，是清朝康熙年間，大學士張英其在安徽的家人為了修建房子的區域，與當時的鄰居吳氏家族發生爭執，兩家互不相讓；張英的家人還千里傳家書，要時任高官的張英，從朝廷進行施壓，要求吳家退讓。然而，收到家書的張英，不但沒有進行施壓，反而回了封家書，信上寫了首詩：「一紙書來只為牆，讓他三尺又何妨。長城萬里今猶在，不見當年秦始皇。」意思是希望家人不需與鄰居斤斤計較，屋牆可退讓三尺，並不影響居住，亦不影響鄰居之間的和睦。張英的家人收到這樣的家書後，立刻就按照張英的意思，將屋舍的外牆退讓三尺。沒想到吳氏看見張家主動退讓三尺非常震驚，也退讓三尺，而成就了今日的「六尺巷」，兩家人的禮讓，使得彼此之間更和睦的相處。

樹木的「羞避現象」和「六尺巷」的典故，其實有著相同的人生哲理，人與人之間相處模式若能彼此禮讓，保有分際，自然能和睦相處。有些人在相處的過程中，過分親近，常常會拿捏不好與人相處的界線，而在無意間傷到對方，透過觀察植物枝葉生長的習性與規律，我們能領悟到給予彼此空間，相互尊重的道理。

在健康園藝活動中，我們透過健行、登山或導覽活動等，用感官體驗大自然，細細品味植物的祕密語言，靜下心與山林對話，觀察植物與自然的融合，它正透露著眾多的人生哲理，大自然是最好的心靈導師，透過它給予我們最好的啟示。

三、適合健康園藝的香草植物的特性與用途

健康園藝是透過各類園藝活動來紓解壓力、放鬆心情、活動身體，並透過實際栽培與觀察植物的成長，體會生命的喜悅與奧祕，達到自我療癒身心、增進健康與

幸福感的效果。

　　香草植物容易取得，容易栽培，且生長較快，能夠使民眾獲得成就感，是健康園藝經常使用的植物種類。香草植物具有特殊香味，且植株萃取物具有藥效，可供人類作為藥劑、食品、飲料、香水或美容之用。香草植物可運用的範圍，包括花草茶、精油、沐浴用品、觀賞園藝、乾燥花、香包香枕、餐點等。香草植物是讓人能同時擁有摸（觸覺）、看（視覺）、聞（嗅覺）、喝（味覺）4種感官享受的植物類型。

　　香草植物（herbs）在廣義的解釋上，舉凡對人類生活，如外在視覺、感觀娛樂、嗅覺芳香以及內在身體與心理醫療保健有幫助的草木，無論是根、莖、葉、花、果實、種子、樹皮等皆可稱之。

　　香草植物應用歷史相當古老，世界各地都有其利用的文化軌跡存在，無論是蔬菜、調味香料、民俗祭典、民俗保健、薰香驅蟲、美容保養或芳香精油，長久以來一直與人類的生活緊密結合。在古埃及時代，埃及人利用香草讓建築金字塔的工人體力充沛，用香草製成藥膏塗抹傷口。1922年「埃及圖坦卡門墓」挖掘時，考古學家發現，埃及人使用了樹脂白松香、肉桂、乳香及雪松等來防止屍體腐化。展現了這些植物及精油神奇、持久、令人不可思議的抗菌防腐能力。而在中國則有神農嚐百草，許多物種很早就被人類馴化利用。中醫經典《神農本草經》記載著許多對植物運用的智慧，是現代藥草學家的指南。明朝李時珍編撰的《本草綱目》，則記載了2000多種藥材與8000多種配方，直到今天，仍被中醫視為養生、治療疾病的重要參考資料。其實中國的「本草」相當於西方的「香（藥）草」，只是因地理環境的差異，造成植物種類的不同。

　　推廣香草植物時，常使用一句口號：「兩香兩草，和樂無窮」，意指常見的香草植物有兩香（迷迭香、百里香）、兩草（薰衣草、鼠尾草）、和樂（薄荷、羅勒），而「無窮」的意思是還有很多，其他常見的種類，如檸檬馬鞭草、洋甘菊、芳香萬壽菊、香蜂草等。

四、常見的香草植物及其應用

　　常見的香草植物有兩香（迷迭香、百里香）、兩草（薰衣草、鼠尾草）、和樂（薄

荷、羅勒）。其他常見的種類還有檸檬馬鞭草、洋甘菊、芳香萬壽菊、香蜂草等。

(一) 迷迭香（Rosemary）

唇形花科（Lamiaceae）迷迭香屬（*Rosmarinus*）植物，多年生常綠灌木，原生於地中海沿岸。由葉腋開出藍色小花，在地中海沿岸盛開時彷彿露水一般，故又稱作「海洋之露」，常為香草花園中的精華。在國外的花期從仲春到夏末，臺灣則多為夏至秋季，花色有紫色、白色和粉紅色。傳說迷迭香原本是開白色的小花，聖母瑪利亞帶著聖嬰耶穌逃往埃及途中，將藍色罩袍披在迷迭香上，從此迷迭香的花色就變成藍色。在歐洲，迷迭香被廣植於教堂的四周，又被稱為「聖母瑪利亞的玫瑰」（Rosemary）。

功用：其香味濃郁，可提振精神。因香味具有增強血液循環的功效，可增強記憶力，因此哈姆雷特經典名句：「迷迭香，是為了幫助回憶；親愛的，請你牢記在心。」迷迭香也是緩和的止痛劑，可減輕頭痛症狀，改善暈眩，幫助四肢血液循環。它可舒緩痛風、風溼痛以及肌肉過度使用的痠痛，還能舒緩經期不適。另外，迷迭香常用來搭配肉類或海鮮烹調，以除腥味、添風味。

▌圖 3-17　提振精神的迷迭香

(二) 百里香（Thyme）

唇形花科（Lamiaceae）百里香屬（*Thymus*）植物，多年生小灌木，原生於地中海沿岸。「Thyme」來自希臘字「thymon」，意為勇氣。具強力的抗菌性，可幫

助消化並解酒。百里香在國外的開花期為夏季，但在臺灣平地夏季不易開花。傳說希臘神話特洛伊戰爭（木馬屠城記）死傷人數眾多，愛的女神和海倫感傷而流下晶瑩的淚珠，落地幻化成百里香，而淚珠在海倫臉龐輕輕滑落的神情，令許多特洛伊戰士神魂顛倒並誓死保護她。因此，百里香就被賦予勇氣和活力的象徵，婦女在心愛的武士出征前，會送上一枝百里香，傳達愛意和鼓舞對方的勇氣。

功用：具強力的抗菌性，有助消化並解酒。百里香適用於燉肉、煮湯之調味，一般相信有助於油膩食物的消化，並達到增進風味的效果。亦可直接泡茶飲用，具止咳、去痰效用，對神經系統有助益。百里香也是一種優良的蜜源植物，「百里香蜜」即為南歐當地常見之特色產品。

（三）薰衣草（Lavender）

唇形花科（Lamiaceae）薰衣草屬（*Lavandula*）植物，多年生小灌木，原產於地中海沿岸、印度及小亞細亞。是一種色澤呈紫藍色的小花，「Lavender」源自拉丁文「Lavare」，其意為洗滌。由於薰衣草的香氣濃郁，令人感到安寧鎮靜，具有潔淨身心的功效，故古代羅馬人經常使用薰衣草來沐浴薰香，又被稱為「寧靜的香水植物」。精油主要萃取自狹葉薰衣草和拉文丁薰衣草，可惜在臺灣平地生長表現較差。臺灣最常見的種類是甜薰衣草、羽葉薰衣草和齒葉薰衣草。羽葉薰衣草屬觀賞用種類。甜薰衣草則應用於食品加工，如薰衣草奶茶。

功用：薰衣草具安定神經、放鬆肌肉、改善失眠等功效，羅馬時代便會以薰衣草泡澡使精神放鬆，因此也被稱作香浴草。另可作為衣物薰香防蟲用。著名薰衣草景點有法國普羅旺斯、日本北海道。在古雅典瘟疫蔓延時，「醫學之父」希波克拉底即教導民眾在身上佩帶薰衣草，可降低感染的機會，可知其應用歷史的久遠。

（四）鼠尾草（Sage）

唇形花科（Lamiaceae）鼠尾草屬（*Salvia*）。常綠灌木，原產於地中海沿岸，廣泛分布於熱帶和亞熱帶地區，包含了約9百個物種。自古以來，鼠尾草一直被認為是具有多種療效的神奇植物，可幫助消化、抗菌和抗真菌。鼠尾草因其葉片長似鼠尾巴而得名，傳說中的鼠尾草是具有半神性及半人性的超級美少女。希臘羅馬人將鼠尾草稱為「神聖的藥草」。它的學名「Salvia」，即源自拉丁文的「salvere」，

就是拯救、治療的意思，意即鼠尾草可解救世人免於疾病之苦，有「窮人的香草」之稱。

功用：鼠尾草可幫助抗菌和抗真菌，其味道濃烈，適合用以去除豬肉與羊肉的腥味，中東地區則用於沙拉。花及葉子皆可用來泡茶，對於神經系統、生理不順及更年期障礙均有助益，也可幫助消化，是健胃整腸的良藥，但孕婦禁止使用！

(五) 薄荷 (Mint)

唇形花科（Lamiaceae）薄荷屬（*Mentha*）的草本植物，原生於歐洲、亞洲及非洲的溫暖地區，多為溼潤甚至潮溼的環境。希臘神話中，Menthe 為冥界之神「普爾多」寵愛的婢女，普爾多的太太因為嫉妒，粗暴地將她推倒在地並踐踏，而普爾多則不捨地將她變成薄荷香草，因此越踩越能發出迷人的香味，代表這份愛永不消失。因薄荷易雜交形成新品種，故品種眾多，在 19 世紀的文獻上，已提到 2000 多種名字。西方古諺說：「若知薄荷品種數，必曉天上星多少。」各品種之間的外表特性差異也很大，株高由 10 公分至 1 公尺不等。

功用：薄荷精油具刺激性，可刺激腦部思考並加強注意力，亦可促進排汗、減輕感冒症狀，對消化系統非常有益。薄荷醇（menthol）為其精油最主要的成分，著名的德國百靈油及曼秀雷敦皆含有薄荷精油的成分。薄荷有極強的殺菌、抗菌作用，最近中研院研究認為，其具有抑制新冠病毒的功效；常喝能預防感冒、口腔疾病，使口氣清新、預防口臭。美容方面以薄荷茶霧蒸面有縮細毛孔的作用。泡過茶的葉片敷在眼睛上會感覺清涼，能解除眼睛疲勞。也可將薄荷加在茶或沙拉中做調味。然其性味屬涼，體寒或孕婦不宜使用。

(六) 羅勒 / 九層塔 (Basil)

唇形花科（Lamiaceae）羅勒屬（*Ocimum*）植物，一年生，種類繁多，原產印度，有「香草之王」之稱。羅勒花序呈垂穗花序，形成頂生總狀排列。

功用：可供食用、景觀布置、香妝美體、醫療保健。風味濃厚，泡茶飲用可幫助消化。羅勒也富含多種維生素和礦物質，具有良好的抗氧化能力，能抗發炎等。

羅勒經常用於入菜，尤其是搭配海鮮，能夠去除腥味。臺菜裡所使用的是羅勒的一種，稱為九層塔，葉片較為細長，氣味較強烈，顏色較深；義大利料理中的青

醫所使用的羅勒則稱為甜羅勒，葉片較圓胖，香氣清爽。

《本草綱目》中記載，羅勒屬性辛溫，可促進血液循環、活血益氣等，其所含的丁香酚，獨特的香味有助於改善消化、消除脹氣、促進食慾，但也不宜一次食用過量。

（七）甜菊（Stevia）

為菊科（Asteraceae）甜菊屬（*Stevia*）的多年生植物或灌木，原產南美地區巴拉圭與巴西交界的山脈，當地土著很早即利用甜菊作為飲料添加物。

功用：甜菊葉中可抽取甜菊糖，為其主要甜分物質，甜度約為蔗糖的 300 倍，可作為代糖使用。其甜度高、熱量低，是糖尿病、肥胖症等慢性病患者的最佳良伴。可利用新鮮或乾燥的葉片，加入紅茶或其他香草茶中。

（八）檸檬馬鞭草（Lemon verbena）

馬鞭草科（Verbenaceae）防臭木屬（*Aloysia*）植物，檸檬馬鞭草原產於南美洲的智利與秘魯。大約在 18 世紀左右引進歐洲的香藥草，英國人普遍栽培於庭園。據說馬鞭草（原產於歐洲和亞洲，與檸檬馬鞭草同屬不同種）曾被用來為釘在十字架上的耶穌止血，也因此成為廣泛運用的避邪物，人們相信將他掛在床上可以驅走惡夢，軍人出征時佩帶可以獲得庇佑，擁有好運。

功用：檸檬馬鞭草可使情緒放鬆、精神振奮，從容面對壓力。適合飽餐後飲用，可消除噁心感，消除下半身水腫，常被當作減肥茶。具殺菌作用，被用於清洗手指的水盤中，以添增檸檬的清香。馬鞭草精油對於皮膚與髮質具有軟化的作用，常用於按摩或加入洗髮精中，但是過敏膚質的人禁止使用。

（九）金盞花（Marigold）

菊科（Asteraceae）金盞花屬（*Calendula*）植物，又名金盞菊，原產於南歐、北非等地中海沿岸一帶。單葉互生，基部葉為匙形；花生於莖頂，頭狀花序，黃色或橘黃色。花色耀眼，從春季開始盛開。金盞花是女性之花，古埃及人稱為「回春草」。

功用：能幫助調整體質，修護肌膚問題、淨化體內的功能、改善經期不適。金

盞花精油可作爲皮膚消炎、保養之用，具有防腐、殺菌的效果，並可促進傷口癒合。用來漱口可保持口氣清新自然。金盞花代表了生命與喜悅，婚禮裝飾及廟裡祈福的花環皆可看見其身影。

（十）洋甘菊（Chamomile）

菊科（Asteraceae）母菊屬（*Matricaria*）植物，原產於歐洲，於春夏開花。香味與蘋果相近，故希臘語稱爲「大地的蘋果」。常見品種主要有德國洋甘菊和羅馬洋甘菊，德國洋甘菊常用花朵泡茶；羅馬洋甘菊亦稱「大地蘋果」，常用葉子泡茶，氣味較濃郁。

功用：洋甘菊具鎮靜與紓解失眠、緊張、憂慮不安等效果，使人心情平靜、有助舒眠，其口感清爽、甘甜。泡花茶飲用可幫助消化，增進睡眠品質。花的煎劑可用於護膚及護髮。精油常被添加於沐浴用品、洗髮精及漱口水中，精油可以促進細胞再生。適合與牛奶搭配製成飲料及甜點。

（十一）芳香萬壽菊（French marigold）

菊科（Asteraceae）萬壽菊屬（*Tagetes*）多年生植物，原產地爲熱帶至亞熱帶、中南美洲區域。在臺灣平地容易種植，全株散發著類似百香果的特殊果香，不需刻意搓揉即有香味，具有濃濃的香氣。

功用：芳香萬壽菊的濃郁香味能趨避害蟲，是著名的香草與藥用植物，被用作忌避植物，種植於作物旁，達到防蟲或共生目的，可使子孑無法發育，在有機農業裡扮演不可或缺的角色，減少了化學藥劑的使用。因具有淡淡的百香果味，其花、葉可用於烹調及沖泡。金黃色花朵水煮後可萃取黃色色素，做染色劑用。待完全乾燥後，泡在橄欖油或其他不易腐敗的油品裡做香草浸泡油，約 1～2 個月後，再拿來做成肥皂等。

（十二）檸檬香茅（Lemongrass）

禾本科（Poaceae）香茅屬（*Cymbopogen*）植物，有檸檬香氣，花名爲檸檬草，花語是開不了口的愛。整株植物皆可以蒸餾的方式萃取。

功用：雖然外觀像芒草不甚討喜，卻廣泛應用於日常生活中，不管是提煉精油

驅除蚊蟲，或是藉其香氣使美食加分，又或者是作為香水材料、藥草用途等，在人類的生活文明上，可是不可或缺的香草作物。

（十三）香茅（Citronella）

禾本科（Poaceae）香茅屬（*Cymbopogen*）植物，為多年生草本作物，葉片生長快速，叢生，葉質柔軟，葉片兩側無毛，葉片光滑。根莖較為粗壯，葉桿叢生，外層具乾枯葉鞘，呈彎曲狀，花朵為佛焰苞花序。在世界各地多有其運用與治療的歷史，因其味道辛辣，於東南亞地區常用於入菜，或作為驅寒、治感冒、頭痛等用途。

功用：是大自然的清涼除臭劑，香茅油呈黃褐色，散發特異清爽之香氣，全株具濃郁芳香氣味，可利用於料理或茶水，亦可利用為化妝、香料、清潔劑、香皂等。莖葉蒸餾萃取的精油有抗真菌作用，可用於殺蟲劑、除臭、補品、刺激劑及香水、家庭用品等。

（十四）（檸檬）香蜂草（Balm, Lemon balm）

唇形花科（Lamiaceae）蜜蜂花屬（*Melissa*），原產於溫帶的中東地區，隨後遍及亞洲及地中海國家，也稱蜜蜂花（其屬名在希臘字中即為蜜蜂之意），帶有檸檬香味，是蜜源植物，莖及葉密布細絨毛。

功用：香蜂草的利用以新鮮葉片為主。每天早上飲用香蜂草茶，可以恢復年輕、增強腦力。瑞士醫生巴拉塞爾士（Paracelsus, 1493～1541）稱其為「長生不老藥」。歐美以香蜂草為基底的加爾慕羅水（Carmelite water），迄今仍為法國人夏日之日常飲料。歐美將乾燥之香蜂草葉片煮成之茶飲，即為著名之「Melissa Tea」，被作為感冒時解熱之用。精油具抗菌成分，屬高價精油，具有抗憂鬱的效果，但孕婦不宜使用。可開發利用之產品，包括茶飲、沙拉、香蜂草醋、魚肉類料理、醃漬料、藥草枕頭及香蜂草冰塊等。葉片搗碎可製作防蟲藥膏、驅蟲劑及家具油。

（十五）到手香（Patchouli, Cuban Oregano）

唇形花科（Lamiaceae）香茶屬（*Plectranthus*）多年生草本植物，原產中國大陸南方、印度、斯里蘭卡經馬來西亞至印度尼西亞及菲律賓等熱帶地區。全株具濃

郁香氣，手一碰到就會沾到香氣。因為其臺語發音與左手香相同，亦被稱為左手香。

　　功用：到手香特別濃郁的香味，使其在印度成為受歡迎的薰香劑，可驅蟲防蚊。其味辛、性寒，具清暑解表、化溼健胃、涼血解毒、消腫止癢等功效。葉片療效多樣，坊間相傳搗碎榨汁後加蜂蜜、鹽等飲用，可用於治療咳嗽、感冒、喉嚨痛；煎煮成茶飲，則可舒緩腸胃不適與頭痛。亦有人將葉片搗碎後外敷，治療蚊蟲咬傷、消炎、止腫。打果汁時，可加入些許到手香來增加香氣。

（十六）玫瑰花（Rose）

　　薔薇科（Rosaceae）薔薇屬（*Rosa*）植物，溫和的玫瑰花，是一種落葉灌木，又稱為「天使的贈與」，古波斯人以玫瑰釀酒，土耳其人以玫瑰水製糖，廣受歐洲人喜愛，烹調時加入玫瑰水也可增添香氣。

　　功用：玫瑰的花萼含多種營養，如維他命 A、B、E、K、P 和 C，尤以維他命 C 含量更是豐富，因此養顏美容功效卓越。玫瑰花茶可幫助新陳代謝，餐後、睡前均適合飲用。能紓解因動怒產生的胃部不適，紓解感冒咳嗽，減輕原發性經痛，增進血液循環，防止便祕，和胃養肝。

（十七）茉莉花（Jasmine）

　　木樨科（Oleaceae）素馨屬（*Jasminum*）植物，是常綠灌木，原產地在印度，在夏秋的傍晚開放，其香氣被譽為「人間第一香」。

　　功用：茉莉花可治療便祕，治療腹痛，緩解結膜炎。早晨飲用茉莉花茶有很大的提振功效，可安撫焦躁情緒、使人心情開朗，有解鬱的功效。也有人拿茉莉花下菜，例如清燉豆腐、熬茉莉花粥等，讓食物充滿清香芬芳。

（十八）桂花（Osmanthus）

　　木樨科（Oleaceae）木樨屬（*Osmanthus*）植物，產地是亞熱帶區，中國和日本都有，開小白花，氣味極為芬芳。

　　功用：取用部位為花，其清新迷人的香氣，能舒緩焦慮的情緒。桂花的芳香早就被東方人拿來泡茶與作為香料使用，飲用桂花茶可消暑降火氣，清香又潤喉；還能止咳化痰、養身潤肺、淨化排毒、消除口臭，也能消除胃部的脹氣。搭配其他花

草素材可增添甘甜口感，例如與玫塊及薄荷搭配，可清新喉嚨；加入中國茶使用，增添無比的風味；搭配其他花草茶增加香甜好口感。桂花是中國的香花代表之一，入中國茶，氣味香郁，加上花性溫和，經常飲用可滋補養身。

依據較常使用之花草茶療效，整理如下表，可依個人需求進行選擇與調配。

表 3-1　花草茶療效

功效	香草植物
紓壓安神	薰衣草、洋甘菊等
活力提神	迷迭香、薄荷等
紓壓安神／活力提神	馬鞭草、茉莉花等
養顏美容	金盞花、玫瑰花等
殺菌保健	百里香、鼠尾草等

五、茶文化歷史

雲南爲中華民族飲茶的始祖，雲南的古濮人以及他們的後裔由舊石器時代一直到現今，都在臨滄、普洱、保山等地（瀾滄江兩岸）生活著。

古濮人是最早看見茶樹並且加以利用的族群，他們最早馴化野生茶樹，並開始大量進行栽培，相傳在西元 180 年古濮人中的布朗族祖先爲了遠離北方的強勢民族，只能被迫不斷往南方遷徙，長途跋涉來到瀾滄江旁的時候，發現整個部落的子民被瘟疫折磨得即將滅族。就在此時部落裡有人無意中吃了一種樹葉，使得身體恢復了健康。而部落的首領帕岩冷知情後，便讓所有子民都食用這種樹葉，使得瘟疫很快受到控制，部落獲得新生，這種葉片就是茶樹。而帕岩冷臨終前更留下影響後代子孫們非常重要的遺訓：「我想給你們留下金銀，但終會有用完之時；留下牛馬牲畜，終有遭瘟疫死亡之時。就給你們留下這片茶園和這些茶樹吧，讓子孫後代取之不盡、用之不竭。」而後在神農氏時，也開始使用茶葉在疾病的治療。

茶葉的治病功效，在三國時期有新的發展，當時張飛帶兵進攻武陵城時，將士們也感染嚴重的瘟疫，使得士兵將領們一一無力前進，當時有位老草醫因佩服軍隊

的軍紀嚴律，對子民們愛戴有加，不敢隨意侵犯，提供祖傳可去除瘟疫的「擂茶」飲茶祕方，也就是將「生茶、生薑、生米」三種食材研磨成糊狀，煮沸後食用。整個軍隊士兵都身體強健，而攻下武陵城，此後「擂茶」又被稱爲「三生湯」，聲名遠播。而擂茶的製法和習俗，隨著民族的南遷，形成了不同的風格。

一直到唐代，茶文化開始興盛，不但茶葉的貿易開始，也開始有了貢茶的出現，直到現今，飲茶文化仍持續進行，也成爲了我們的日常。

飲茶是一種文化、一種享受，更是一種藝術，從沖泡器具的挑選，到茶葉的講究，是茶道的藝術與精神。透過茶的藝術，給予人們禮儀的教育，在沖製的過程中能修身養性；茶的精神萃取了中華文化，體會儒家的思想「修身、齊家、治國、平天下」，在佛教中則透過飲茶的文化了解脫離苦難、得悟正道。

清淡優雅、平和溫和是茶的本質，也因此許多文人雅士喜歡飲茶，也常用茶來做各種詩詞或故事的描述。如著名的茶痴蘇東坡，在一生中寫過超過百首關於茶的詩，其中一首〈次韻曹輔寄壑源試焙新芽〉，最爲人津津樂道，將一杯好茶比喻成氣質淡雅清新的佳人，讓人懷有想一親芳澤的想法。

〈次韻曹輔寄壑源試焙新芽〉　　　　宋・蘇軾

仙山靈草濕行雲，洗遍香肌粉未勻。

明月來投玉川子，清風吹破武林春。

要知玉雪心腸好，不是膏油首面新。

戲作小詩君一笑，從來佳茗似佳人。

此外，著名的詩人白居易，也以一首〈山泉煎茶有懷〉，道出心中的閒靜與對名利的淡泊，整首詩利用疊字讓人有輕快明確的感受。

〈山泉煎茶有懷〉　　　　唐・白居易

坐酌泠泠水，看煎瑟瑟塵。

無由持一碗，寄與愛茶人。

六、茶葉的保健功能

中華民族開始利用茶已有 4,000 至 5,000 年，根據記載生活於雲南的古濮人是最早運用與馴化栽培野生茶樹的民族，漢人大概在戰國時期的秦國往西蜀開拓時，才開始接觸到茶葉。從《神農本草經》中「神農嘗百草，日遇七十二毒，得茶（茶）而解之」可知，在古代傳說中，茶便已是一種藥用植物。茶葉的醫療功效被收錄於許多古代書籍，其中最早的記載是《神農食經》：「茶茗久服，令人有力悅志」。此後，各朝代皆有書籍記載茶葉功效，如東漢時《華陀食論》：「苦茶久食，益意思」；唐朝陸羽於《茶經》寫道：「茶之為用，味至寒為飲，最宜精行儉德之人，若熱渴、凝悶、腦疼、目澀、四肢煩、百節不舒，聊四五啜，與醍醐、甘露抗衡也」（醍醐灌頂，甘露滋心）；與明朝李時珍《本草綱目》：「茶苦味甘，微寒無毒，主治瘻瘡去痰熱，止渴，令人少眠，有力悅志，少氣消食」等。現代李乾良於《中國茶經》中，彙整歸納了 92 種歷代典籍所記載的茶葉 24 項功效：「少睡、安神、明目、清頭目、止渴生津、清熱、消暑、解毒、消食、醒酒、去肥膩、下氣、利水、通便、治痢、去痰、袪風解表、堅齒、治心痛、療瘡治瘻、療肌、益氣力、延年益壽、其他。」。無怪唐代大醫學家陳藏器會在《本草拾遺》書中寫下：「諸藥為各病之藥，茶為萬病之藥」。

隨著時代發展與研究，現已大致明白茶葉的保健功效是來自於那些成分。茶葉中茶湯主要的機能性成分有三：茶多酚、茶胺酸與咖啡因。茶多酚主要由兒茶素類、黃酮類、花青素和酚酸等 4 類物質組成。其中兒茶素在發酵的過程中會逐漸轉變為茶黃素（theaflavin）或茶紅素（thearubigin）。茶多酚最廣為人知的功效便是能清除自由基，以達抗氧化的作用。另外還有抗癌、維持心血管系統功能、防治神經退化性疾病與失智症、抗紫外線與輻射、抗肥胖、抗齲齒、抗菌和抗病毒等作用。

咖啡因能興奮中樞神經系統，使頭腦清醒，幫助思維、消除疲勞，提高工作效率。通過興奮血液運動中樞、舒張腎血管、增加腎臟的血流量、提高腎小球的過濾率而有利尿作用。透過鬆弛冠狀動脈、促進血液循環和鬆弛支氣管平滑肌，可以解痙平喘、治療支氣管咳喘。還能提高肝臟對物質的代謝能力，增加血液循環，促進血液中的酒精排出體外，緩和與消除由酒精所引起的刺激。

根據研究顯示，茶氨酸具有促進「心理健康」（mental）的功效，故常被稱作「幸福氨基酸」。茶氨酸是透過保護神經系統和增進正面情緒，以達到抗憂鬱、舒緩鎮靜、改善心情和提高認知等功效。同時茶氨酸也能降血壓和降脂，來預防心血管疾病。另外，對於預防糖尿病和輔助治療腫瘤（癌症）也有所幫助。若咖啡因與茶氨酸同時攝取，在兩者協同作用之下，便可以增強注意力、提高反應敏捷度和準確度。此外，茶氨酸對咖啡因具拮抗效應，同時飲用能抵消咖啡因導致的血壓升高、心悸等作用，減少飲用者對咖啡因的不適反應。

單獨服用茶氨酸能帶來「放鬆、自信的狀態」。飲用含有茶氨酸飲料，能降低血液中的皮質醇，且在承受壓力後，會比服用安慰劑者感覺更加放鬆。當茶氨酸與咖啡因一起服用時，更可以改善記憶和縮短反應時間，其效果大於單獨服用咖啡因或茶氨酸。而飲用 EGCG（兒茶素），則能提升大腦活動 α 波、θ 波和 β 波，使人處於一種放鬆和專注的心態。另通過動物實驗與體外研究，皆證實 EGCG 可以通過血腦屏障直接作用於大腦，並藉由促進一氧化氮的供應來改善認知功能。

經由上述，可見茶葉除了生理方面的保健效果，亦能帶來心理益處。許多飲用茶葉者認為其有放鬆心情的效果。但究竟是茶本身的作用，還是品茗的氛圍所帶來的呢？近期的研究已顯示，茶葉本身即具有改善情緒和認知的作用。如飲用茶葉能在 50 分鐘內，降低飲用者皮質醇（壓力荷爾蒙）至基線水平 53%，比飲用安慰劑者更低。而在主觀感受上，飲用茶葉者也認為自己心情比較放鬆。這表示飲用茶葉能幫助人們更快地從緊張的工作中恢復過來。

此外，2019 年新冠肺炎爆發，SARS- CoV2 已造成成千上萬的感染與死亡，由於新藥開發過程耗時，重新定位藥物可能是解決突發傳染病流行的唯一方法。臺灣與國外研究利用電腦高速運算模式分析病毒構造，發現茶葉中的茶黃素 TF3 和兒茶素可以結合於新型冠狀病毒上，抑制病毒重要蛋白酶的活性，進而可能抑制新冠病毒的增生。另外，新冠病毒強感染性在於病毒表面的 S 蛋白會與人體呼吸道、消化道及其他黏膜表面 ACE2 受體緊密結合，所以阻斷新冠病毒 S 蛋白與受體 ACE2 結合，即能有效抑制病毒的繁殖。雲南農大發現，茶葉中的 EGCG 能夠與新冠病毒 S 蛋白結合，以阻斷新冠病毒 S 蛋白與人 ACE2 受體的結合，並能促進已結合受體的 S 蛋白解離，防止病毒感染人體。此前，國內外尚未找到與新冠病毒 S 蛋白親

和力強、並且能夠有效阻斷 S 蛋白與 ACE2 結合的分子。此外，最近日本京都府立醫科大學研究發現，綠茶、烏龍茶與紅茶中的化合物，能使唾液中的新型冠狀病毒失去活性，因此飲茶應可降低口腔與腸胃道遭受新冠病毒的侵害。

若保持飲茶習慣，對長期的生、心理也會有益處。韓國的研究發現，有飲綠茶習慣者，一生患憂鬱症的可能性比不飲茶者低 21%。而新加坡的研究者也發現，長期習慣性飲用綠茶，可降低罹患失智的風險。另外，在 55 歲以上族群中，有經常喝茶習慣的人，在記憶和資訊處理方面都會表現得更好。

如同中國茶學家陳宗懋院士所說：「飲茶一分鐘，解渴；飲茶一小時，休閒；飲茶一個月，健康；飲茶一輩子，長壽。」無論飲茶的目的與形式是解渴休閒或是保健習慣、是單獨品味還是與眾同樂，都能享受到茶葉帶來的身心益處。

七、臺灣常見特色茶簡介

(一) 三峽碧螺春

碧螺春是起源於江蘇蘇州的名茶，特別是太湖洞庭東、西山生產者最佳，尤其是洞庭東山碧螺峰下的品質最好，故稱為洞庭碧螺春；非產自洞庭湖。碧螺春是典型的炒菁條形綠茶，據傳因香氣迷人，被當地人驚呼「嚇煞人香」，後康熙皇帝改名為「碧螺春」，即是取其茶湯翠碧、茶葉外觀如螺捲曲，並在初春時以嫩葉採摘製成。產量少，以春天採摘的碧螺春品質最優。

三峽是臺灣主要的炒菁綠茶產區；日治時期的臺灣，主要生產紅茶類茶葉出口外銷。直到西元 1945 年臺灣光復後，從中國華中、華北而來的國軍將士們原本已有喝綠茶的生活習慣，這些將士及家屬們在桃園臺北一帶定居；三峽茶區因地緣關係，便接起了這獨門的茶生意，開始生產炒菁綠茶。在海拔 200 公尺的丘陵上，趕在春天清明節前採摘春蕊茶芽，這是炒製最上等綠茶的絕佳時機。匯集手摘的細嫩茶葉，成就清甜與充滿活力的「三峽碧螺春」。結合產區名的「三峽碧螺春」，因香氣清揚、滋味鮮爽甘甜，可比美嚇煞人香的中國經典綠茶「碧螺春」因而得名。

(二) 文山包種茶

臺灣烏龍茶在 1873 年出口滯銷，部分茶商將滯銷的烏龍茶運往福州薰花，製成包種花茶，銷往南洋。於是吳福源於 1881 年引進此包種花茶製法，並將俗稱「種仔」的青心烏龍品種製成烏龍茶，再加以薰花改製，此種「包種花茶」目前俗稱「香片」，雖有增值促銷效果，但極為費工、費時。幸而 1912 年南港地區王水錦、魏靜時兩位先進發展出不薰花卻能散發花香的改良式包種茶製法；此為包種茶的大革命，亦成為現代包種茶製法的基礎。當時生產的地區，在日據時期多隸屬臺北州文山郡管轄，而統稱為「文山包種茶」。

盛產於臺灣臺北文山地區的包種茶，其外觀似條索狀，色澤翠綠，水色蜜綠鮮豔帶黃金，香氣清香幽雅似花香，滋味甘醇滑潤帶活性，此類茶注重香氣，香氣越濃郁品質越高級。文山地區包括臺北市文山、南港；新北市新店、坪林、石碇、深坑、汐止等茶區。約有 2300 多公頃，茶園分布於海拔 400 公尺以上的山區，環境特殊，尤以坪林地區山明水秀，氣候終年溫潤涼爽，雪霧瀰漫，土壤肥沃，故所產之文山包種茶品質特佳。

(三) 臺灣高山茶

臺灣高山茶係指以海拔 1000 公尺以上茶園所產製的烏龍茶為主，「高山茶」並非專指某地生產的茶，而是與「平地茶」相對的概念名詞。臺灣生產高山茶的地區分布極廣，以嘉義縣與南投縣境內海拔 1000 ～ 1400 公尺的新興茶區為主。其中又以阿里山茶、杉林溪茶、梨山茶、玉山茶為代表。

1980 年代初期，臺灣茶葉不再以外銷為導向，開始以內銷為主，時任茶業改良場場長的吳振鐸提出高海拔地區可以得到高品質茶葉的看法，於是茶農把目標瞄準高山。

高山上氣候涼冷，早晚雲霧繚繞，平均日照短，故所產茶葉所含兒茶素、咖啡因等苦澀成分降低；且茶葉柔軟，葉肉厚，果膠質含量高，色澤翠綠鮮活、滋味甘醇、香氣淡郁，耐沖泡。因為較注重「原味」的要求，茶葉發酵程度較輕，帶動「重萎凋，輕發酵」的風潮。

（四）凍頂烏龍茶

凍頂烏龍茶傳說是 1855 年（清朝咸豐年間）時，鹿谷林鳳池赴福建應試，高中舉人，還鄉時，自武夷山帶回 36 株青心烏龍茶苗，其中 12 株由「林三顯」種在麒麟潭邊的凍頂山，即是凍頂烏龍茶的來源。

但上述傳說應屬當地文人編造的故事。眞正「凍頂烏龍茶」的由來，應是安溪茶人王泰友與王德二位先進於 1939 年將鐵觀音之布巾包球製茶技術融入包種茶的製法中，並在南投名間傳授，之後於 1941 年到鹿谷凍頂、1946 到臺北木柵、1949 年到鹿谷永隆村推廣傳授；其中凍頂山的茶農以青心烏龍茶樹生產的茶菁品質極佳，製作出來的「凍頂烏龍茶」聲名鵲起，終使半球形包種茶鋒芒畢露，成爲新一代臺灣烏龍的代表，這是包種茶的第二次革命。

因此，凍頂茶的原產地在臺灣南投縣的鹿谷鄉凍頂山，主要是以青心烏龍爲原料製成的半發酵茶。傳統上，其發酵程度在 30% 左右。製茶過程獨特之處，在於烘乾後需再重複以布包成球狀揉捻茶葉，使茶成爲半發酵半球狀，稱爲「布揉製茶」或「熱團揉」。傳統凍頂烏龍茶帶明顯焙火味，近年亦有輕焙火製茶。

凍頂烏龍茶的茶葉呈半球狀，色澤墨綠，邊緣隱隱金黃色。沖泡後，茶湯金黃，偏琥珀色，帶熟果香或濃花香，味醇厚甘潤，喉韻回甘十足，帶明顯焙火韻味。茶葉展開，外觀有青蛙皮般灰白點，葉間捲曲成蝦球狀，葉片中間淡綠色，葉底邊緣鑲紅邊，稱爲「綠葉紅鑲邊」或「青蒂、綠腹、紅鑲邊」。

（五）木柵鐵觀音

木柵鐵觀音茶樹是於臺灣日治時期，由木柵茶葉公司派茶師張迺妙、張迺乾兄弟遠赴中國大陸安溪取回，種植於木柵茶區，雖製法與安溪鐵觀音類似，但經過百年的演變，已發展出不同的特色。爲臺灣特有球形、重揉捻、重烘焙的輕發酵部分發酵茶，早期稱爲球形包種茶。

木柵正欉鐵觀音茶因爲茶區多屬東照山坡，氣候溫和，長年雨水或霧氣滋潤；地質爲褐色或淺紅泥土和礫石混合，排水、保溼、透氣性良好，土壤肥沃，茶樹生長良好，茶麵柔軟，葉質肥厚，加以傳統製法布包團揉，文火烘焙，二度輕發酵產生之弱果香，具有獨特口味及香氣，稱爲「觀音韻」。

（六）東方美人茶（白毫烏龍茶、椪風茶）

「東方美人茶」名稱由來有三個傳說：

1. 膨風茶

相傳早期（1920 年代）有一（新竹北埔）茶農因茶園受蟲害侵蝕，不甘損失，乃挑至城中（大稻埕）販售，沒想到竟因風味特殊而大受歡迎，回鄉後向鄉人提及此事，竟被指為吹牛，從此膨風茶之名不脛而走。

2. 椪風茶

姜瑞昌、姜阿新在日治時期（1935 年）參加「臺灣博覽會」茶展，參展的茶葉被當時的臺灣總督府以一擔（100 斤）2000 日圓高價收購，消息傳回北埔，被地方人士斥為膨風，後又被文人雅士改稱為椪風茶。

3. 東方美人茶

相傳百年前（1837～1901），英國茶商將膨風茶呈獻英國維多利亞女王，由於沖泡後其外觀豔麗，猶如絕色美人漫舞在水晶杯中，品嘗後，女王讚不絕口而賜名東方美人（Oriental Beauty）。

「東方美人茶」是臺灣特有的茶品，又稱為白毫烏龍或是膨風茶。東方美人茶最特別的地方在其茶樹須經過「小綠葉蟬（浮塵子、煙仔、蜒仔）」叮咬後，茶樹本身產生防禦機制，為吸引小綠葉蟬的天敵（白斑獵蛛）而散發出一種獨特的蜜香，茶農便趁著茶樹產生香氣時加以處理，成就出東方美人特殊的茶香，通常蟲害「著蜒」越嚴重，茶芽越珍貴；茶葉白毫、紅葉越明顯，品質越好。

「東方美人茶」能使茶葉產生蜜香和果香，曾在世界上蔚為風潮。但是其採收不易、產量少，且須經過小綠葉蟬叮咬，所以茶農為了確保小綠葉蟬的數量，大多不用農藥，使茶湯喝起來甘醇順口。

（七）日月潭紅茶

日治時代由中央研究所技師新井耕吉郎自印度阿薩姆省引進的大葉種茶種，南投縣魚池鄉適宜的年均溫及穩定的溼度，為此品種紅茶的製茶重鎮，1978 年由當時的南投縣縣長劉裕猷命名為「日月潭紅茶」。

「日月潭紅茶」通常指種植在魚池鄉附近海拔約 500～800 公尺茶園之大葉種

紅茶，常見品種有臺茶 8 號（俗稱「阿薩姆」）、臺茶 18 號（紅玉）、臺茶 21 號（紅韻）等。

其中尤其以「紅玉」品種最具代表性，本品種是由臺灣原生種山茶和緬甸大葉種育種而成，茶湯亮紅，蘊含淡淡的肉桂與薄荷香氣，散發獨特的臺灣野生山茶風味，被世界的紅茶專家譽爲「臺灣香」。

（八）蜜香紅茶

一般傳統紅茶著重滋味，較不注重香氣；茶業改良場臺東分場將西部「東方美人茶」茶葉經小綠葉蟬叮咬產生蜜香的原理，運用到東部的茶園，再經花蓮舞鶴茶農透過田間管理及製茶技術創新，研製成「蜜香紅茶」，除了注重紅茶滋味外，更提升其優雅之香味品質。這種茶冷熱飲皆宜。目前蜜香紅茶已成爲花東地區的特色茶類，尤其是花蓮縣瑞穗鄉舞鶴村所產的蜜香紅茶品質極爲優異，已成爲花蓮縣的代表茶類。過去競爭不過西部高山茶而蕭條的舞鶴茶園，從此重現盛況。

此外，三峽地區雖以碧螺春綠茶聞名遐邇，農會特以青心柑仔品種於綠茶採收後的 5 ～ 10 月期間，以完全不噴灑農藥之管理方式，等待小綠葉蟬吮吸茶嫩葉（俗稱著蜒）叮咬後，產生一連串的複雜變化，再經過製茶老師傅精心製作及烘培，產出淡淡自然果香及蜜香的「蜜香紅茶」。

（九）GABA 烏龍茶

「γ- 胺基丁酸」簡稱 GABA，對人體腦部有安定作用，高含量的 GABA 有助於放鬆和消除緊張情緒。「GABA 茶」（佳葉龍茶）原創於日本，規定其中的 GABA 含量至少需達到 150mg/100g 以上，要在無氧的製程狀態下，才能累積茶葉中的 GABA 成分，但會容易導致茶葉帶有悶酸臭味，多數消費者無法接受；因此茶業改良場自 2004 年起開始研究，發現將烏龍茶的有氧加工技術運用在傳統「GABA 茶」上，則可保留 GABA 的保健功能，又能提升口感。

費時十多年研發的「GABA 烏龍茶」，茶品中含有可幫助舒緩神經的「γ- 胺基丁酸」成分，同時兼顧烏龍茶的回甘滋味，顛覆一般民眾對喝茶影響睡眠的疑慮。「GABA 烏龍茶」喝起來帶有微酸果香、滋味清新，可熱沖、冷泡，還能加工製成甜點，發展多樣化商品，且因不會造成心悸，銀髮族和幼童皆可飲用，更適合壓力

大的上班族和學生。

表 3-2　臺灣茶發酵程度及烘焙程度

茶品	發酵度	烘焙程度
三峽碧羅春	0%	不焙
文山包種茶	12 ～ 15%	輕焙
臺灣高山茶	15 ～ 20%	不焙～輕焙
凍頂烏龍茶	25 ～ 30%	中焙
木柵鐵觀音	40 ～ 50%	重焙
東方美人茶	60%	不焙～輕焙
日月潭紅茶	80 ～ 100%	不焙
蜜香紅茶	80 ～ 100%	不焙～輕焙
GABA 烏龍茶	60%	不焙～輕焙

CHAPTER 4

栽培健康園藝植物

一、適地適種我的植物

二、選購物超所值的植物

三、工欲善其事，必先利其器

四、植栽養護技巧大公開

五、居家植物繁殖

一、適地適種我的植物

植物的環境需求，包括光線、溫度、水分、土壤、空氣。光線是植物重要的能量來源，植物的光合作用與蒸散作用皆藉著光進行；溫度是影響生長極重要因子，所有反應皆需在適度溫度下進行；水分在植物體中扮演著化學反應介質與運輸的角色，土壤中的養分吸收後，也是藉由水來傳送；土壤是植物根系生長的所在地，可支撐植物體，除了提供水分和無機養分，還提供氧氣供根部呼吸；空氣中的二氧化碳為光合作用重要的原料，氧氣為呼吸作用重要的分子，皆是植物賴以生存所必需的。

（一）光照

合宜的光線，讓植物生長得更強健。每種植物有不同的光線適應性，依其對光線的需求，可分為陽性植物、陰性植物及中性植物（耐陰植物）3 種類型。植物耐陰性的判斷方式有兩種，分別為生理指標法（光補償點、光飽和點，低者較耐陰）與形態指標法（圓錐樹形、枝葉濃密、葉色濃綠、質厚、葉壽命長不易枯落者較耐陰）。

1. 陽性植物的需光量多，栽培地點日照要充足，否則易生育不良。此類植物不適合做室內植物。在觀賞植物中，以「觀花」為主的草花類、球根花卉類、木本花卉類或庭園樹等為主，大多是陽性植物，如雞冠花、百日草、大波斯菊、松葉牡丹、金魚草、爆竹紅、矮牽牛、三色堇、孤挺花、鬱金香、水仙、玫瑰、九重葛、紫薇等。少數是觀葉植物，如彩葉草、雁來紅、紅莧草、綠莧草、草坪類等。

2. 陰性植物的需光量少，在強烈陽光下，容易產生日燒、脫水枯萎等傷害，喜歡在日照不足或有遮蔭的柔和光照下生長。這類植物耐陰性強，適合做室內植物。耐陰植物一般具有葉片大而薄、葉色濃綠之形態特性。此類植物以草本「觀葉植物」占大多數，如粗肋草類、蔓綠絨類、黃金葛類、椒草類、萬年青類、竹芋類、蕨類等。極少數是觀花植物，如非洲堇、大岩桐、金魚花（鯨魚花）、口紅花、觀賞鳳梨類等。

3. 陽陰性植物（中性植物）則介於陽性與陰性植物之間，對於光線適應性較強，在強光下或遮蔽處均能生存，也適合當室內植物，大多數為木本非觀花類植物，

如朱蕉類、竹蕉類、榕樹、馬拉巴栗、鵝掌藤等。

當光線不足時，陽性植物植株容易徒長，莖葉細長軟弱，生育不良；陽性植物花蕾生長停頓，花朵提早凋謝，甚至落蕾、落花、落葉；新葉、新芽變小，質地變薄；開花顏色變淡，不鮮豔；斑葉品種之斑紋逐漸退化消失；容易引起病害。

光線太強的徵兆，則是陰性植物莖葉產生日燒、脫水枯萎等傷害；莖葉薄軟的植物易出現葉褐化、捲曲情況；盆栽土壤容易被曬乾，散失水分。夏季強光下，溫室內的溫度急遽升高，使植物生長不適。另外，單向光源易產生向光性，使植株傾斜、彎曲，生長不平衡。

（二）溫度

植物依其溫度適應性，可分類為「暖季植物」與「冷季植物」，暖季植物（warm-season plants）如玉米、瓜類、甘薯、胡椒、日日春、黃帝菊、千日紅和百慕達草等，於均溫 18 ～ 27℃ 下生長最佳。而冷季植物（cool-season plants）如花椰菜、甘藍菜、萵苣、豌豆、開花球根植物、金魚草、仙客來、黑麥草等，於均溫 15 ～ 18℃ 下生長最佳。植物亦可以依照開花結果品質最好的季節來分類，例如夏季草花和冬季草花。許多園藝植物品種依其生產期快慢，可被區分為早生、中生及晚生品種。臺灣平地冬季溫度約攝氏 10 ～ 20℃，適合冷季植物生長；春秋季溫度約攝氏 15 ～ 25℃，適合冷季和暖季植物生長；夏季溫度約攝氏 24 ～ 35℃，適合暖季植物生長。

耐高溫植物多數具有葉片小、針狀、葉表有絨毛或臘質等形態特性，高溫時保持葉片氣孔處打開，可促進蒸散作用，以有效降低葉片溫度。

（三）水分

植物的水分適應性，可依照對水分的需求分為水生植物（Aquatic plants, hydrophytes）、旱生植物（Xerophytes）及中生植物（Mesophytes）。

1. 水生植物

能夠適應生長於水中或是土壤溼度極高的環境，常見的植物例如睡蓮（*Nymphaea* spp.）、豆瓣菜（*Nasturtium officinale*）、香蒲（*Typha orientalis*）、布袋蓮（*Eichhornia crassipes*）。

2. 旱生植物

能適應季節性或持續性的乾旱，如仙人掌科植物（仙人掌 *Opuntia* spp.）以及多肉植物，例如景天科（*Crassulaceae*）植物。

3. 中生植物

生長合適之土壤水分環境，介於水生植物與旱生植物之間。大部分的重要園藝作物屬於中生植物，如樟樹、萵苣、薔薇等。

耐旱植物之型態特性：葉片相對狹窄、葉表有絨毛、葉片厚而直立，具蠟質及角質層、根系發達、根冠比大、柵狀組織比例高。

缺水的徵兆：土壤結硬，澆水不吸水、土壤龜裂，澆水快速流失、土壤乾燥，莖葉軟垂萎凋、全株葉片脫落、花朵很快凋謝、新芽枯萎、下方葉片乾枯掉落、葉片出現褐色細小斑點、多肉植物或仙人掌莖葉萎縮、樹幹乾縮，停止發育。

水分過多的徵兆：澆水積水不消，盆土數日不乾、土壤表面長苔類或黴菌、葉片尖端和邊緣褐變腐壞、土壤潮溼，枝葉軟垂凋萎，下方葉片黃化脫落、盆土潮溼，花苞掉落、新芽柔軟，顏色變淡、莖葉根有腐爛現象、多肉植物莖葉蓬鬆、仙人掌基部褐變腐爛。

空氣過於乾燥的徵兆：葉片失水軟垂萎凋、葉片尖端褐變乾枯、全株葉片脫落、新芽萎縮或脫落。

空氣溼度過高的徵兆：葉片褐變發霉腐爛、花朵出現灰黴斑點腐爛、新芽水漬狀腐爛、仙人掌或多肉植物類，莖葉蓬鬆浸水狀腐爛或脫落。

二、選購物超所值的植物

居家享受健康園藝入門，即是選購一盆健康有活力、價格合理的植栽，但選購物超所值的植物，是有許多眉角的，例如植物的健康程度判斷、居家環境的評估、預算價格的合理值等，以下分述之。

（一）去哪買

花市、苗圃、花店、園藝社及大賣場、網路園藝資材行。

花市在各大地區皆有，且分成中、大型集攤，花市整體規模大，種類齊全，可以互相比較挑選，也方便比較花價，通常一次就可買齊所需植栽與資材。

苗圃位於郊區，苗圃花園的規模通常比整體花市小，但有眾多品種可以挑選，有時候還可以看到別處方都沒有的品種。田尾為國內最大的苗圃生產區，大家有空可以去看看。

花店、園藝社及大賣場花的種類較花市、苗圃少，現場的植株，大部分會用漂亮的容器做設計包裝，因此購買的價格也相對略高，但服務通常較佳。

網路上有許多園藝資材行，販賣各式各樣的植物種子及園藝工具，不需出門就可以在家裡選購，也方便買家比價，但要注意下標前仍須與商家詢問是否有現貨，以及注意商家的網路評價，以免造成下標後的糾紛。

表 4-1　全國著名花市一覽表

花市名稱	地址	營業時間
建國假日花市	臺北市建國高架橋下橋段—信義路與仁愛路間	星期六～星期日 09：00～18：00
臺北花木批發市場	臺北市文山區興隆路一段 15 號	星期二～星期日 09：00～18：00 （星期一休市）
臺北花市	臺北市內湖區新湖三路 28、36 號	星期一～星期六 04：00～12：00 （星期日公休）
大臺北聯合花市	臺北市承德路六段 449-14 號	每日 08：00～18：00
臺北花卉村（社子島）	臺北市士林區延平北路七段 18-2 號（洲美高架旁）	星期二～星期四 09：00～19：00 星期五～星期日（含國定假日） 09：00～21：00
板橋藝文休閒花市	新北市板橋區文化路與民生路口（民生高架橋下，捷運新埔站旁）	星期二～星期日 09：00～18：00 （星期一公休）
福和假日花市	新北市永和區環河東路三段及林森路交叉路口旁外河堤（福和運動公園旁）	星期六～星期日 06：00～18：00

續表 4-1

花市名稱	地址	營業時間
新店花市	新北市新店區安和路二段 251 號	每日 08：00 ～ 21：00
臺灣區觀賞植物運銷合作社泰山供銷中心（全國花市）	新北市泰山區漢口街 33 號（近新莊輔仁大學後門，二省道路旁）	星期一～星期日 09：00 ～ 19：00
中港花市農園	新北市泰山區中港西路 120 巷 2 號（鄰近五股交流道）	每日 09：00 ～ 18：00
三峽花市	新北市三峽區介壽路三段 166 號	每日 08：00 ～ 21：00
大溪花市	桃園市大溪區瑞安路一段 308 號（全家福餐廳旁）	每日 08：00 ～ 21：00
八角花市	臺中市西屯區中清路三段 12 號	每日 08：00 ～ 21：00
湘霖園	嘉義市東區博東路 156 號	星期二～星期日 09：00 ～ 18：00
南門假日花市	臺南市中西區南門路 28 號	星期六～星期日 08：30 ～ 18：30
蕨的想買就買	臺南市安南區怡安路二段 516 巷 178 號	星期四～星期一 10：30 ～ 17：30
七甲花卉區	臺南市歸仁區七甲五街	每日 08：00 ～ 18：00
高雄勞工公園假日花市	高雄市前鎮區一德路 79 號	星期六～星期日 09：00 ～ 18：00
鳳山台糖假日花市	高雄市鳳山區國泰路一段 152 號	每日 09：00 ～ 17：00
回春	花蓮縣吉安鄉明仁二街 210 號 973	每日 13：30 ～ 18：30 不定期店休，請先撥打電話確認營業時間

（二）怎麼挑

1. 擺設地點

選購植栽時，首先應考慮擺設地點，再依據擺設地點的光照強度、位置大小、高度等環境條件，來考量選購植株的大小、形狀和種類。

2. 均衡比例

選購盆栽時，要考慮的是整體的美感，因此植株與盆器應符合一定的比例。以

中、小型觀葉盆栽而言，最好植株冠幅為盆口直徑的 1 ～ 1.5 倍，植株高度為盆高的 1.5 ～ 2.5 倍，如此不僅有較佳的觀賞效果，且植株地上部與根部比例均衡，管理維護也較簡便。

3. 生長狀況

(1) 觀葉植物：以枝葉繁茂、株形緊密、枝條均衡分布、葉片光亮厚實、葉色新鮮翠綠者為佳，葉面若有斑點條紋者，則斑點條紋愈分明者愈好；若是枝葉稀疏、株形不整、枝條柔軟細弱、葉片變黃脫落或斑點條紋不明顯，代表植株原來的生長條件不佳或管理不當，不宜購買。

(2) 盆栽花卉：以葉片厚而硬挺、葉色濃淡正常、葉面具光澤，枝幹健壯、粗短且分枝良好者為佳，且應選擇無病蟲危害或機械傷害的植株；此外，盆栽花卉應選擇花多，且不超過三分之一的花朵開放，其餘仍含苞待放者為佳，如此觀賞時期較長。

4. 盆土介質

最好是具有肥沃而疏鬆的土壤介質。若盆土黏重且結成硬塊，代表盆土已老舊劣變，植株根系可能已經老化；若盆土太新，代表植株剛移植換盆，根系可能受傷尚未恢復，皆不宜貿然購買。

三、工欲善其事，必先利其器

(一) 澆水工具

1. 澆水壺

一般澆水壺出水孔隙大，適合澆灌大型植株，出水量較小的，適合小型植株或幼苗，可避免植株倒伏；細嘴澆水壺適合澆灌開花或室內的植物，避免傷到花以及避免水澆出盆器而使室內溼滑；壓力澆水壺為居家防治蟲害的好幫手；多出水模式噴頭則適用於戶外大面積的澆灌。

2. 自動給水器

短時間不在家時，可利用簡易的供水設備提供植物水分。

3. 定時灌溉系統

適合長時間不在家的供水方法，但裝置費用較高。

（二）整枝剪

修剪植栽、採收果實，甚至是開肥料包裝，整枝剪都可以成爲你的好朋友。如果還有許多粗壯的樹枝要剪，最好再特別準備一把專用的大剪刀或鋸子。

（三）鏟子

園藝專業使用之鏟子（移植鏝）依照不同的栽培養護需求，其款式非常多。一般使用者則至少需要一把小鏟子（園藝花鏟）來作爲初級使用，由於其小巧輕便、容易操作，移種、培土、翻土、施肥、移植甚至是除草時，都有機會用得到。若種植栽是使用花槽或花盆，花鏟可代替鋤、耙、鏟等大型工具，是必備的園藝用具。

（四）手套

在庭院或菜園裡工作，只要戴上手套，就能減少把雙手弄得髒兮兮的情況。手套除了能防止指甲裡都是土，更可以避免在操作時手被植栽割傷。普通的麻布手套就很好用，有防滑的效果更加分。

（五）盆器

盆器主要是在沒有自然土壤的地方，如陽臺、屋頂、室內等處，能夠簡便地種植植物。容器種類繁多，一般圓形盆器稱爲「花盆」，方形盆器稱爲「種植箱（花箱）」，另可依其材質特性來分類及選用。

1. 塑膠盆

塑膠盆是最經濟的盆器，質輕、便宜，但會因爲用料不同、盆子厚度及成分會讓耐用程度大不相同。

2. 瓦盆

沒上釉的瓦盆（素燒盆）可以隔溫、吸水，透氣適合種植根部怕溼的植物，如氣生蘭、多肉植物等，上釉的瓦盆具豐富的色彩及造型，但吸水及透氣性不佳，故多爲觀賞用盆器。又因重量足夠，適合植株高大或容易頭重腳輕的植物。瓦盆使用前務必先泡水，讓盆器潮溼，以免乾燥的盆器吸乾剛換盆的介質中的水。

3. 一般種植箱

通常小型～中型種植箱用於種花（花箱）；中型～大型種植箱用於種菜，容量大、深度夠，適合各種蔬菜。有些種植箱具底網設計，具儲水空間。種植箱搬運方便，可放置陽臺、頂樓、庭園等場所。

4. 組合式種植箱

可自由組合，網孔設計通氣好、成長快，底盤保水，水分、肥分不流失；另購配件可加長／加寬／加深，適合各種蔬菜種植。

(六) 介質

作為植物生長提供支持固定，水分、養分與空氣保留的任何材料或材料組合，皆可稱之為介質。

優良培養土具備的條件如下：

1. 清潔、無汙染

土質需清潔，不含有毒、有害物質，如鹽、酸、鹼、化學藥品等汙染。除此之外，不含病菌、害蟲、雜物、雜草種子等。若土壤取自排水溝附近，上游有工廠廢水排出，就很有可能已經遭受汙染，不宜使用。

2. 排水、通氣良好

優良的土質必須是鬆軟的粒狀結構，土粒中有孔隙，可以貯存空氣。如果用手握緊再打開，可壓成一團鬆軟的土塊，但再用手輕輕揉搓，即能散開，這種土壤排水、通氣性均佳，對於植物的根部生長極有利。

3. 土質保水力佳

良好的培養土澆水乾燥後仍呈鬆軟狀態，不會乾涸而結成硬塊，能夠經常保持適當的水分及溼度。如長年盆栽的盆土，物理性轉劣，土質變硬，澆水後不易吸收水分，相對地保水力差，植物的根系不易伸展而發育不良。

4. 土質保肥力強

保肥力強的土壤可以使植物充分吸收營養元素，施肥後不易流失。土壤通常顏色越深，含有機質成分越多，保肥力越強。

5. 化學反應適宜

土壤化學反應是指土壤的酸鹼度（pH 值），因各種植物對酸鹼度的適應性不同，應注意使其能合乎需求。若土壤過於酸性或鹼性，應該加以改良，植物生長才能健壯。

6. 取材方便實用

無論使用任何一種培養土，應以取材方便、經濟實用為原則。植物所需的土壤配方很多，不一定要用價錢昂貴的材料，只要充分了解植物的生長習性，甚至不花錢也能調製上等的培養土。

土壤介質種類可分為天然土壤與無土介質（見下圖）。天然土壤依黏粒、坋粒、砂粒之組成比例，可分為不同質地之土壤，一般以砂質壤土最適合大多數植物生長。無土介質為泥炭苔、蛭石、真珠石、蛇木屑、水苔、椰纖、保綠人造土等，或是不同介質依一定比例調配的混合介質（如「根基旺」）。

圖 4-1　土壤介質種類

以下介紹常見的無土介質：

1. 泥炭土

泥炭土大多產於潮溼冷涼的地區，表面的生物不斷生長，下層則經過長期堆積轉化為富含有機質、保肥及保水力強且 pH 質低的泥炭土，一般商品化者均已經調整過 pH 質為中性，是園藝栽培重要的介質。

2. 蛭石

蛭石是類雲母的礦物經過 760 ～ 1000℃的高溫加熱膨脹為無數的薄片，質輕、保水及保肥性佳、通氣性也很好，是園藝栽培的重要介質。

3. 眞珠石

眞珠石是矽酸鋁火山岩經 1000℃的高溫加熱，而膨脹成白色小球，可攜帶本身重量 3 ～ 4 倍的水分，質輕且通氣性佳，是園藝栽培主要的介質。

4. 蛇木

為樹蕨類（如筆筒樹）植物的莖或氣生根製成，蛇木早期為蘭花栽培的最佳介質之一，現今以國蘭使用較多，具有良好的通氣性、排水性及些許保水性，依粗細不同，用途不同，粗的適合一般蘭花及觀葉植物，細的可混合其他介質供觀葉及吊盆植物栽培之用。

5. 水苔

又稱水草，質地輕、易吸水，具有保水、通氣等功能，適合栽培蘭花及喜歡潮溼的植物。

6. 椰子纖維

椰子纖維是椰子殼經過細碎，俗稱椰纖，製成各種不同大小的顆粒使用，排水好、通氣性佳，但是保水力較差。

7. 保綠人造土

由一種普通稱為 Orlon（奧隆）的人造纖維製造，混入有利植物生長的肥料，並加入根瘤菌及藍藻等有益微生物，質地輕柔只有等體積土壤的 1/16 重量，加水後也只有 1/5 土壤重量。不會變形，不硬化、腐化，可長期使用。具適當含水、通氣等物理性。經殺菌處理，不帶有害病原菌。

8. 發泡煉石

發泡煉石是黏土經過造粒後，以 700℃以上高溫燒製而成，空隙多、質地輕，排水及通氣性都很好。

9. 炭化稻殼

質輕，易取得，通氣、排水性佳，保水性差，發酵或炭化後使用較佳，炭化後 pH 與 EC 值高，使用時須注意。

大部分良好的盆栽介質是由兩種或兩種以上的成分，依不同比例混合而成，其物理化學特性通常較單獨使用一種成分當盆栽介質來得好。選擇盆栽介質時，須考慮要種什麼樣的植物？先決定其總體密度（介質重量）、通氣性、保水性、陽離子交換能力、pH 值、EC 值等條件，之後再考慮操作方便、價格便宜、清潔無毒等要素。

目前最常用的三種無土介質為泥炭土、蛭石、真珠石，根據三者不同比例的推薦配方，配合不同植物所需的介質調配原則：

1. 泥炭土

蛭石：真珠石＝1：1：1 適用於一般植物栽培或較耐旱植物。

2. 泥炭土

蛭石：真珠石＝2：1：1 適用於蕨類植物或喜歡潮溼的植物。

3. 泥炭土

蛭石：真珠石＝2：2：1 適用於播種扦插或喜歡潮溼的植物。

4. 泥炭土

蛭石：真珠石＝2：1：2 適用於根部需通氣好的植物、土壤改良或介質中添加土壤時使用。

名詞解釋

pH 值：中文名稱為「酸鹼度」，酸鹼度是用以判斷介水溶液中的酸鹼度，而介質的酸鹼度會直接影響介質中營養元素的有效性。一般土壤介質 pH 值在 5.5～6.5 間最適宜大多數植物，所有礦物元素均具足夠的溶解性，且適合植物吸收營養所需。若過於偏鹼或偏酸時，容易導致養分缺乏或根系壞死的情形。

EC 值：中文名稱為「電導度」，電導度表示介質中可溶性鹽類濃度的一種指標。因為介質溶液的鹽類濃度與其電導度大小成正比關係。一般常以介質 EC 值作為判斷土壤肥力的指標，EC 值偏低則代表土壤貧瘠，EC 值太高則可能土壤鹽分太高，均不利於植物生長。

四、植栽養護技巧大公開

（一）澆水不是固定頻率而是因環境調整

澆水不是固定幾天一次，應該是依土壤水分狀況決定是否澆水。澆水原則上應澆灌在土壤上面，儘量不淋溼葉片，且澆水要使土壤充分溼透，至盆底流出餘水為止。園藝初學者常抓不準何時應該澆水，到底要怎麼判斷植物缺不缺水呢？正確的澆水時機是在土壤中的水分即將用完之時，而且每次澆水都要完全澆透，盆底排水孔有流出水分，一直到盆土表層的土壤乾鬆時 · 才需要再次澆水。而依照植物對水分的需求，澆水時機稍有差異：

1. 溼潤型

通常葉片較薄而大或生長快速的種類，如蕨類、草花類，約在表土稍乾便需澆水。

2. 普通型

大多數的植物屬於此類，約表土 1 ～ 2 公分深的土壤呈乾鬆時再澆水。

3. 乾燥型

莖葉肥厚的種類通常較耐旱，如仙人掌和多肉植物，可等盆土乾燥變輕時再補充水分。

植物剛播種萌芽者只宜澆水、不宜施肥；萌芽期適量澆水、少量施肥；生長期充分澆水、定期施生長肥；開花期及結實期適量澆水、定期施開花肥；休眠期（生長停滯期）微量澆水、停止施肥。

（二）施肥主要元素氮、磷、鉀，均衡營養都要加

植物所需的營養元素有十多種，其中以氮、磷、鉀等元素最易缺乏，因此施肥時大多以供應這 3 種元素為主，稱為「肥料三要素」。肥料中常見的氮、磷、鉀 3 種元素，對植物有什麼好處？氮是製造葉綠素的主要成分，能促進枝條和葉片的生長；磷素主要促進開花結果；鉀素則主要促進莖枝加粗、根芽生長。簡單來說，氮素是使植株長得快又大，鉀素是使株長得好又壯，加速植株成熟，磷素則在植株成熟時，促進花芽形成和開花結果。一般肥料商品都會標上 3 個數字，分別代表氮（N）－磷（P）－鉀（K）三要素的含量。促進生長的肥料通常氮肥比例高，例如 30-10-10；促進開花結果的肥料，則磷、鉀肥比例較高，例如 10-30-20。

（三）修剪

園藝栽培方法中，修剪是一門很重要的技術，透過修剪，能控制植株的生長（矮化植株）、降低病蟲害，增加植物開花結果及移植存活率。適當修剪也能促使枯萎的矮灌木重新萌芽生長。

在基礎修剪技術中，大部分是需去除植株的不良枝，以免影響植物生長。一般居家修剪常會遇到下列幾種不良枝。

1. 病蟲害枝

用肉眼明顯可判斷有病蟲害侵襲或嚴重危害的枝條，並且使用藥劑防治無效，或有傳染其他植株的可能時，即需立即修除。

2. 枯乾枝

植物枝條受到生理、病蟲害侵襲或其他外力影響，導致乾枯或死亡之枝條，因已不具活性，應當剪除之。

3. 分蘗枝

分蘗枝經常在木本樹種的主幹基部位萌生，好發的時間於生長旺季時期，或是當樹木幹體受到損傷，產生養分、水分輸送的逆境時，就容易有分蘗枝的發生。但此類枝條會妨礙植栽營養分配外，也會破壞整體樹勢，降低觀賞價值。

4. 徒長枝

徒長枝常會由老的枝條萌發，因其營養狀態好、生長力旺盛且快速，所以呈現

徒長現象。這些枝條的外觀樹皮較為光滑、生長直立、節間距離較長。一般情況下必須修除，避免造成養分競爭，影響樹體爭相生長，也較不會使樹體枝幹雜亂無章。

植株不同時期的修剪方式：

1. 休眠期修剪

在冬季低溫下降時，部分植物已進入休眠期間，此時可針對落葉樹種進行修剪，對植物的損傷影響會降低，但仍需注意不能修剪過度，以不超過樹冠1/3為主。

2. 生長期修剪

為了避免不良枝在生長過程中耗盡植體養分，或造成養分分配之問題，因此在生長過程會進行不良枝的修剪，以維持樹勢。

3. 開花修剪

在春天開花的植物，花芽通常會在前一年形成，因此在冬季就不適合進行修剪，例如杜鵑，因此春天開花植物，應於花後 1～2 星期內（儘量不要超過1個月）進行修剪，爾後除部分不良枝的剪除外，則不再進行整株修剪，以確保花芽形成。

夏秋開花的植物，花芽通常是以當年度枝條萌發為主，所以要在冬季或春天新芽未萌發前進行修剪，例如鳳凰木、阿勃勒等。

一般修剪原則為：

(1)判斷樹勢及修剪部位，來確定修剪強度。

(2)使用良好器具並做合適消毒，避免傷口過大或不平整，增加病蟲害侵襲機率。

(3)掌握修剪順序，由內而外，以控制良好樹形。

除了枝條修剪之外，種植草花作物時，會進行「摘心」、「摘芽」、「摘葉」等細部修剪：

(1)摘心：植株生長過程中，會有頂芽優勢，也就是植物會持續向上生長，降低分枝性，但於草花栽培上，需要分枝性良好的植株使開花增加，植株高度降低，有較好的觀賞價值。因此需藉由摘除新梢的頂芽，抑制頂芽優勢，促進側芽生長，造成植株分枝多、生長較為茂密，能有較多的花朵。

(2)摘芽：摘芽則是摘掉多餘的側芽，避免過度茂盛，降低病蟲害侵襲機率。

(3)摘葉：將病葉、老葉加以摘除，避免養分消耗，增加植株枝條通風，降低病蟲害。

(4)摘蕾：摘除植株上過多花蕾，避免養分消耗，造成花體營養不良，可選擇將未成熟的花芽部分除去，留下較具潛力的花蕾，可減少植物過多花芽造成大量養分消耗。

（四）病蟲害防治

植物和動物一樣也會受到病蟲害的侵襲，尤其植物是草食昆蟲的食物來源，若不審慎檢視植物的狀況，很容易因為病原菌和蟲害的擴散，造成植物的死亡。目前在病蟲害防治作業上為了預防或是醫治，會採用化學性藥物或有機生物防治方式。由於在居家栽培作物並非經濟栽培，占地不大，且多為調養身心之用，植物生長和人類生活環境經常是同一空間，因此，經常性的使用化學性藥物防治，可能有礙身心，造成環境汙染，甚至有毒害之情況。有效的有機防治方法，是居家栽培上最常使用防治病蟲害的方式，以下介紹幾種常見的防治方法。

蟲害防治上經常採用忌避法、觸殺法等，忌避是利用部分較強的氣味，讓昆蟲離開寄主植物；而觸殺法則是使用礦物油、植物油或其他結晶物破壞昆蟲表皮的幾丁質，使得昆蟲無法呼吸進而死亡，達到防治之效。

1. 辛辣除蟲

使用材料：蒜頭 300g、辣椒 150g、米酒 150cc、醋 150cc。

(1) 先以菜刀將蒜頭壓碎後，去皮放入果汁機內。

(2) 接著放入切碎之辣椒，並加入米酒及醋。

(3) 用果汁機攪拌 10 分鐘，蒜頭辣椒打碎即可。再將絞碎後具強烈辛辣味的液體裝至容器中，置陰涼處約 2 星期待其發酵。

(4) 發酵完成過濾後，以清水稀釋 20 倍使用（可直接噴於植物體或盆面上）。

2. 菸草驅蟲

使用材料：菸草 4 兩、水 600cc。

(1) 可剝開香菸捲紙取出其中的菸草。

(2) 將菸草倒入容器後再加水。加水後，置陰涼處浸泡一週，讓菸草味溶於水中。

(3) 直接使用不需稀釋 （可直接噴於植物體或盆面上）。

3. 洗衣粉溶液

使用材料：一般市售洗衣粉與水比例 1：250，加清油一滴，混合均勻後，直接噴霧使用。

4. 生薑溶液

使用材料：搗碎薑汁與水比例 1：10，如生薑液 50g ＋水 500cc，混合均勻後，直接噴霧使用。

5. 大蔥溶液

使用材料：將蔥切碎搗成泥狀，加水 20 倍浸泡 12 小時，過濾後，用濾液直接噴灑使用。

（五）如何判斷植物需不需要換盆是關鍵

當盆栽植物的植株太大，舊盆空間已不敷植物生長所需時，或是盆土變硬、變少，根已長出排水孔外，就表示該換盆了。「換盆」其實包括「換盆和換土」，且換土比換盆更重要，也就是說，如果不希望盆栽長得更高大，可使用原來的盆子，只需要更換老舊介質和修剪敗壞的老根。什麼時候換盆，才不會傷害到植物和影響開花？

換盆前，有兩點應該注意：

一是換盆應在開花後或休眠新芽萌發前進行，且應避開夏季炎熱或冬季嚴寒時期，農曆立春後新芽生長時期千萬不要換盆，以免新芽無法萌發。

二是換盆前先暫停澆水兩天左右，使盆土略乾，便於植株連土從盆內取出。

植物養護口訣

曬點陽光透透氣，陽臺輪替保養術，不見天日難度日，來電充數也可行。
葉兒無力花堪憐，適時供水有祕訣，讓我一次澆個夠，吸淋沖泡澆水功。
主要元素氮磷鉀，均衡營養都要加，一年一季大一吋，盆缽尺寸要合身。
疏鬆潔淨保營養，鬆土換土根強旺，枝葉扦插細分株，綠意綿延子孫足。
摘心修剪除枯葉，青春常在駐顏術，除舊布新別傷心，時時清新靠更新。

五、居家植物繁殖

園藝課程中經常會有參與者問及如何將植物繁殖，在園藝上的繁殖是一門非常專業的領域，透過專業的繁殖環境與技術，可以生產健壯優良的植物。然而在一般的園藝活動中，較不常使用專業的繁殖環境，所以高級的繁殖技術對參與者較為困難，但仍可透過一些簡易的繁殖方式，如播種、扦插、分株等，享受 DIY 繁殖的樂趣。

（一）播種

播種是利用植物種子進行繁殖的方式，也是在繁殖技術上利用雄花與雌花進行授粉結種的有性繁殖方式。一般我們於市面上常見販賣的種子，是選育良好的父母本進行授粉繁殖後，取種子（稱之為 F1，第一代雜交子代）進行商業販賣行為。若再取 F1 植株的種子（即 F2 種子）進行播種繁殖，則原本優良的植株特性會消失，例如原本植株的開花性極好，顏色豔麗，但再經過我們任意的雜交授粉，可能就無法得出如原本開花性極好的植株種子，這也就是為什麼種子公司能持續生產優良種子的原因，因為能精確掌握的掌握父母本與有效的篩選方式同時進行，而自己留株採種後，通常無法再得到良好植株特性的種子。

想要了解種子繁殖技術，必須先明白種子發芽的必要條件。

1. 發芽適溫

種子的發芽溫度會視植物品種而異，一般生長於緯度較高的溫帶氣候植株的種子，其發芽的適溫則會較熱帶地區為低。溫帶植物的發芽適溫約在 $10 \sim 20°C$、亞熱帶 $15 \sim 25°C$，熱帶植物 $24 \sim 35°C$；然而有些種子，如較高山植物或溫帶樹木種子發芽，則需要一低溫層積的處理法，透過低溫處理來打破種子的休眠，使其順利發芽。

2. 發芽需光程度

光線對種子發芽也依作物種類而異，種子發芽與光的關係可以稱為「光敏感性」（photoblastism）。種植時需要光線的種子，稱之為需光性種子（如蘿蔔、白菜、花椰菜、松葉牡丹、矮牽牛、六倍利、大岩桐等），反之如果光線照射種子會抑制

其發芽，則稱之爲嫌光性種子（如南瓜、番茄、日日春等），而多數種子發芽與光線無關，視爲光中性種子（如大豆、向日葵、甜椒）。

若以嫌光性種子繁殖時，則在播種後需要覆以土壤介質，但須注意不宜覆蓋太厚，太厚的土層會使種子發芽不易，一般約覆蓋厚度種子本身直徑大小的 1～3 倍。需光性種子播種後不須覆土，通常需光性種子都較小，須注意每次澆水時，種子是否被沖刷。光中性種子在播種後，可以少量的土壤覆蓋，避免水分的沖刷，也可避免動物取食。

3. 種子本身條件

種子的營養程度會影響發芽率以及幼苗的健壯度。種子發芽初期主要的養分來源是種子本身的營養，充實飽滿的種子能夠提供足夠的養分促使發芽，並使芽體強健。因此以種子作爲繁殖的方式，需要特別注重種子的充實度及完整度。

此外，種子本身的種皮堅硬程度也會影響發芽，過於堅硬的種皮，使得發芽不易，可以藉由其他方式協助破壞堅硬種皮。如具有堅硬外殼的苦瓜種子，可利用機械式破壞的方法，使用夾式指甲剪將種殼夾破；堅硬如 BB 彈的美人蕉種子，則可以熱水處理方式，用 80℃ 熱水浸泡種子 10 分鐘後，可促進其種子的「肚臍」蓋脫落而有利吸水，即可促進種子發芽。

4. 一般以種子作爲繁殖的發芽方式可採點播、條播、灑播等方式

(1) 點播：通常用於較大且昂貴的種子。在栽培容器中裝塡適當土壤厚度後，於適當固定的距離進行開穴，再將種子播種於穴中，植穴中可種 1～2 顆種子，再視需光程度決定進行覆土與否，此法可節省種子用量，但須耗較多人力和時間。

(2) 條播：用於品質均勻的中大型種子。在栽培容器中（以方形容器爲佳）裝塡適當土壤厚度後，於適當固定的距離進行開溝，將種子種撒於溝內，再視需光程度決定進行覆土與否。

(3) 撒播：用於細小、便宜且容易發芽的種子。在栽培容器中裝塡適當土壤厚度後，直接將種子均勻撒於土面，再視需光程度決定進行覆土與否。這是最容易且快速的播種方式，但有可能會因爲撒種密度太高，後續管理尙須進行疏苗與間拔作業，以維持苗株生長良好。

（二）扦插

植物繁殖分爲有性和無性繁殖（營養繁殖），種子即爲有性繁殖，而利用植物體本身器官進行繁殖，不牽涉授粉行爲的，稱之爲無性繁殖，包括扦插、壓條、嫁接、分株和微體繁殖等，其中較容易進行的繁植是扦插和分株。

扦插法是利用植物的營養器官，根、莖、葉等部分進行繁殖。主要方式是將上述部位切離植株本體（母株），各部位再經器官分化過程，發育成完整個體。依使用部位可分爲葉插、莖插和根插法。

1. 葉插法

某些植物能從葉脈或葉柄長出不定根，並可萌生許多不定芽。通常這類植物具有肥厚的葉片、粗壯的葉柄、明顯粗壯的葉脈，如鐵十字秋海棠、非洲菫、長壽花、多肉植物（石蓮花、落地生根等）。

2. 莖插法

主要使用之部位爲植物的莖部，通常會依植物合適生根的季節進行扦插，落葉性植物在萌芽時期，常綠性植物則是在新芽成熟後最佳，莖插法須注意保持插穗的正確極性（頂部和基部），避免栽植時顛倒插穗，才能使插穗順利發芽。大多數的植物適合採用莖插法繁殖。

3. 根插法

以植物的根斷作爲扦插的材料，於早春萌芽時期爲較合適之取穗時機，取約小指粗的根穗，再切 3 ～ 5 公分長，平放或斜插於介質上，亦須注意插穗極性的正確性，勿顛倒放置。適用植物如使君子、大鄧伯花、紫藤、龍吐珠、凌霄花、六月雪、瑪瑙珠等。

4. 扦插注意事項

(1) 取穗時機：每種植物均有最佳的扦插適期，把握適當的季節採取插穗做扦插，可以提高發根率及插穗存活率。在臺灣一般以春、秋兩季是較爲理想的扦插繁殖季節，因爲此兩季溫度合宜、溼度較高。另取穗後應儘速進行扦插，避免插穗失水降低存活率，若無法立即扦插，應採插穗保溼方法，利用潮溼的紙巾包覆切口，或放入夾鏈袋中，滴入少許水分，保持插穗溼度。但若進行多肉植物扦插，則須將插穗先行放置切口乾燥，可減少傷口感染，增加存活率。

(2) 插穗選擇：插穗是由植物營養器官取下，母株的健康度會直接影響插穗。因此應選健康、健壯的植株作為取穗母株，營養程度越高的插穗，發根越容易。插穗選擇避免過嫩或過老的枝條，宜選擇中等成熟的枝條，亦能有助於發根。

(3) 介質選擇：扦插介質需選擇排水性高，通氣良好，且不帶病菌之介質，如真珠石、砂質土、蛭石等。

(4) 插床選擇：一般簡易的插床設置，選用盤形容器，將通氣介質裝填八成，將插穗放入介質（真珠石、蛭石）中，充分澆水，再以大型透明塑膠袋覆蓋（可略剪幾個透氣的洞），保持溼度。

（三）分株

分株法亦是植物無性繁殖的途徑之一，是指將已經具有根、莖、葉和芽的植株由母體植株分離出來，進行繁殖成為新個體。分株法是無性繁殖中最簡單操作、植株存活率也最高的繁殖方式。

將子株從母株身上移除時，儘量使用銳利的刀具，避免分離傷口過大或切口不整齊，造成病原菌的入侵。分株後的管理有下列幾點注意事項：

1. 分株後立即修剪老葉、枯黃葉片和病葉、病根。
2. 分株後待傷口略乾後要立即種植，並適度澆水，保持介質溼潤以利發根。
3. 避免放置於烈日陽光直射處，以免造成植物蒸散量過大，脫水死亡。

分株的時間在休眠期間和早春萌芽時，較不易影響母體植物生長，可以讓分株時植物遭受的逆境較低，恢復期較快。利用分株法，將已具有根系的植株進行栽種，植物根系可立即吸收水與養分，有助於縮短分株恢復期，並提供繁殖成功率。以下略將不同形態植物之分株適期予以分類：

1. 觀葉植物（熱帶植物）

於植物生長較旺時期，4 月～ 7 月中旬，為分株適期。

2. 草本植物

約莫於每年清明過後至梅雨季（4 月～ 5 月下旬）及中秋至白露期間（9 月～ 10 月中旬），為分株適期。

3. 常綠木本花卉

春季 3 月下旬至梅雨季期間，為此類植株的分株適期，在新芽萌發前與新芽萌發後的梅雨季，是為二次分株機會。

4. 落葉木本花卉

在臺灣屬於冬季落葉休眠的植物，最適合分株時期，在每年 2 ～ 3 月間，新芽尚未萌發時期。

CHAPTER 5

健康園藝活動設計（綜合應用）

一、導覽解說

二、園藝栽培活動（植物換盆、修剪、繁殖、草頭寶寶）

三、食農養生（香草茶品評、五行蔬果、臺灣品茶品茗）

四、花草藝術（壓花、葉拓、組合盆栽）

五、樂活手作（天然精油、紫草膏、手工皂）

六、綠色遊戲

七、綠色旅遊

　　園藝包含有果樹、蔬菜、花卉，園產品加工及處理、景觀造園等各項領域，是一門可以帶給人們健康（health）、快樂（happiness）及希望（hope）的幸福學科。人們透過五感的體驗，結合園藝技術及學理，應用於各項操作活動中，並能推廣園藝知能、自然生態環境教育、養生保健、美學藝術等多元目標，可以讓參與的人們擁有健康的園藝新生活。

　　健康園藝活動依照方式的不同，大致可分為七大類，可依不同需求的族群進行活動組合。而依活動目標，可將活動類型分成戶外靜態、戶外動態、室內靜態及室內動態等向度。

一、導覽解說

　　與一般踏青活動不同的地方，導覽解說活動是由專業的指導員帶領。導覽活動為戶外靜態活動，藉由專業的指導員，可以將一般的散步活動轉換成較深度的導覽體驗活動，如藉由觀賞花草樹木，了解各種植物的特性和歷史演進，增進新知、體驗人生的智慧，透過引領活動舒緩壓力等，相當適合各種年齡的民眾參與。

　　現今臺灣在許多生態園區或較大型的公園、植物園皆配有訓練有素的指導員或解說員，並有固定導覽時間或預約導覽服務，大家可以利用這樣的服務，邀約朋友們進行一場深度的療癒活動。但部分場域並沒有配置導覽員或指導員，可利用許多社區大學、園藝福祉協會或者綠化基金會，皆有開設園藝相關課程，課程裡也多有戶外導覽活動，建議大家也可參與課程活動，讓具有專業知能的老師帶領大家體驗。

表 5-1　導覽解說活動規劃

課程類型	課程內容	五感體驗與效益					備註
導覽解說 （tour guide）	公園綠地植物	視	嗅	觸	味	聽	學習不分年齡，永遠不嫌晚
	季節草花	V	V	V		V	
	香草植物						
	野花介紹	生理	心理	認知	社會		
	淨化空氣植物	V	V	V		V	

圖 5-1　藉由專業的導覽解說，了解植物生長的哲理

圖 5-2　專業的人員解說導覽。能夠欣賞草花之美，放鬆心情，沐浴在自然中

二、園藝栽培活動（植物換盆、修剪、繁殖、草頭寶寶）

　　園藝栽培雖被視為專門的技術課程，但許多入門的園藝栽培知識與技巧，可以讓喜愛花草栽培的人們，透過對園藝栽培知識的認識，進而進行許多健康園藝活動。園藝栽培活動無論在戶外或室內皆可進行。此活動可以透過一個較長時間的課程安排，先學得基本的園藝栽培知識，包括園藝基礎知識、作物繁殖、作物簡易診斷等，並利用所學之方法進行實際栽培，透過自身對植物的生長體驗，來啟發個人對生命的探討，生命的成長過程雖有生、老、病、死，但藉由栽培植物的機會，體會生命是生生不息的。植物的一生跟人是非常相同的，種子的萌芽象徵著新生命的誕生，小苗成長的過程，所經歷過的風雨，跟我們長大成人經歷過的艱辛也是相互映照著；拚了命開出來的美麗花朵，即使是曇花一現，也有它最重要的目的。當植物終老之時，我們以為的死寂，所結的果子卻是另一個新生命的開始。仔細觀察植物的生長變化，在照顧過程中所悟得的人生哲理，能夠滋養我們的心靈，強健我們的心智，參透人生的道理，活得更健康自在。

　　一般常見的園藝栽培活動，如受時間場域限制，也可以只從事其中一小段有趣的體驗，例如盆栽花木的修剪及維護、植物種植、作物健康的診斷，同時結合了園藝的基礎知識，並搭配生活美學，融合感官體驗，營造愉悅的身心。常見有草頭寶寶 DIY、趣味種子森林、紓壓苔球、蔬菜扦插、芽菜栽培等。

表 5-2　園藝栽培活動規劃

課程類型	課程內容	五感體驗與效益					備註
栽培技術（culture technique）	植物繁殖 植物診斷 介質介紹與換盆 草頭寶寶 苔球、種子森林	視	嗅	觸	味	聽	屬於較長期的課程，藉由觀察植物的生長與死亡，探討生命的興盛與奧祕
		V		V			
		生理	心理	認知		社會	
		V	V	V		V	

圖 5-3　手作體驗苔球製作
　　　　是一種手眼協調的操作步驟，可以使人專注，心情沉穩

圖 5-4　結合木作極富禪意的苔球

圖 5-5　草頭寶寶的種子栽培
　　　　透過每個人的手作，創作出各式各樣的造型，相當逗趣可愛。

續圖 5-5

三、食農養生（香草茶品評、五行蔬果、臺灣名茶品茗）

民以食為天，健康的飲食能帶來強健的身體，我們能透過味覺的體驗來記憶植物。園藝作物包含果樹、蔬菜、花草等，與人們的生活息息相關，每日都需要攝取。園藝作物不僅提供人們營養的來源，在中醫上更提出不同顏色的蔬果具有不同的療養作用，可入人體五臟，利用五行蔬果來調養身體。五行是謂木、火、土、金和水，對應的蔬果顏色則是綠、紅、黃、白和黑五色，以下簡單分述。

（一）綠色蔬果

五行中屬木，對應五臟為肝。綠色蔬果具有吲哚、葉綠素、綠原酸等，食用綠色蔬果能提高肝臟之氣，有助解毒系統的建立，具有降火氣、清肝解毒的功能，可以提升代謝免疫的機能。綠色蔬果包含：菠菜、青花菜、地瓜葉、秋葵、山苦瓜等。

（二）紅色蔬果

五行中屬火，對應五臟為心。紅色蔬果具有茄紅素、槲皮素、花青素等，攝取紅色蔬果具有提高心臟、腦部之氣血運行之效，有助活血、生血及補血的功能，多食可增加免疫力，預防心血管疾病。紅色蔬果包含：番茄、草莓、紅龍果、蔓越莓、櫻桃等。

（三）黃色蔬果

五行中屬土，入五臟中脾胃。黃色蔬果具有豐富葉黃素及胡蘿蔔素等，攝取黃色蔬果可調解脾胃之氣和新陳代謝，並能增強消化功能。食用黃色蔬菜可補充維他命 A、促進眼睛健康及皮膚修復等。黃色蔬果包含：胡蘿蔔、南瓜、地瓜、鳳梨、柑橘等。

（四）白色蔬果

五行中屬金，對應五臟中的肺。白色蔬果具有大蒜素、山奈酚等，經常攝取白色蔬果具有增強肺臟之氣之效，有利於呼吸系統的強健，並能增強肺部功能及滋潤肺部。白色蔬果包含：白蘿蔔、山藥、竹筍、蘋果、水梨、白木耳、大蒜、洋蔥等。

（五）黑色蔬果

五行中屬水，對應五臟中的腎。黑色蔬果具有花青素、白藜蘆醇等，想要保持身體的運作機能，增強排泄功能，提高腎臟之氣，可以多攝取黑色蔬果。黑色蔬果對於正在發育中的青少年亦有助益，可以促進腦部的健康、身體成長發育等。黑色蔬果包含：葡萄、黑木耳、黑豆、茄子、藍莓等。

每日飲食中均衡攝取各類蔬菜，正確的烹調，能讓飲食活動變得更加多樣、健康與安心，而這種養生的飲食活動，也是健康園藝的活動之一。

國人非常喜歡各類飲品，在夏季，臺灣的飲品店人潮絡繹不絕，但卻經常讓人未有消暑解渴或清心降肝火的效果，反而越喝身體負擔越大，其中一個很大的原因是茶品來源不良和其他的食品添加物（糖漿、色素等）。一個良好飲品是在使人休閒、解渴之餘，還能為人們的心靈帶來療育的效果，讓人能夠有沉穩平靜的感受，在飲用後能感覺身心都被照顧。在健康園藝中，香草茶品評和臺灣茶品茗享用活動就能提供這樣的功效。

健康園藝活動中，香草茶或茶葉的體驗，除了本書第三章所提到香草植物特性及臺灣名茶介紹外，透過泡茶的程序，使自己的心情沉靜，在沖泡的過程中，香草及茶葉被熱水沖泡後香氣飄散，品茗人透過聞香品茶，讓心情沉澱，放慢腳步穩定心情。喝茶是養生的方法之一，茶葉裡的兒茶素和茶多酚，具有抗氧化的功能，不同類型的茶葉各具不同功效，例如消滯去膩、暖胃除溼、生津止渴、提神醒腦等。

表 5-3　食農養生活動規劃

課程類型	課程內容	五感體驗與效益					備註
食農養生 （food tasting）	香草茶品評	視	嗅	觸	味	聽	園藝是門生活科學，與生活結合，增進生活品質，了解來源吃得安心。
	五行蔬果	V	V	V	V		
	有機芽菜生產	生理	心理	認知	社會		
	臺灣茶品茗	V	V	V	V		

四、花草藝術（壓花、葉拓、組合盆栽）

　　大自然的美景隨著四季而有不同變化，除了以攝影的方式記錄植物的美好，透過園藝手作活動，我們也能保留大自然的那份美麗。手作活動結合生活美學，實際運用自然素材製作成品，例如滾石葉拓，將植物葉片或花朵透過滾石滾壓後，植物組織內天然植物色素印染於胚布上，可以構成一幅天然的畫布。也可以利用戶外撿拾落葉、樹枝、果實或者壓花進行拼貼，製作成裝飾品，用來美化生活環境。

　　花草藝術活動是一項複合型的活動設計，結合了手部的粗細動作，配合視覺協調及美感設計，可同時訓練手眼協調的能力，對於有特殊需求的治療活動也相當適合，且在製作過程中，DIY 活動多半需要思考創作，這樣的方式可讓人沉穩、冷靜，可以培養耐心，提升創作能力及自我情緒覺察。

表 5-4　花草藝術活動規劃

課程類型	課程內容	五感體驗與效益					備註
花草藝術 （artistic creation）	葉拓 組合盆栽	視	嗅	觸	味	聽	經由自己動手操作，創作豐富的視覺饗宴
	葉脈書籤	V		V			
	種子畫	生理	心理	認知	社會		屬於立即性成效，馬上能有成品之課程
	葉片畫						
	壓花	V	V	V	V		

圖 5-6　手作體驗滾石葉拓

圖 5-7　利用各式種拼貼完成種子畫，可訓練手部的細部肌肉

五、樂活手作（天然精油、紫草膏、手工皂）

我們經常使用的日用品跟園藝學科領域息息相關，如各種草本洗髮精、沐浴乳、防蚊用品、護膚用品等，都是運用植物天然成分進行加工而成，植物已是生活中的不可或缺的必需品。健康園藝活動的樂活手作即是利用植物做媒介，發揮創意及訓練手部操作，自己動手製作健康又安心的日常生活用品。

樂活手作活動是健康園藝裡非常重要且吸引度極高的課程，因為課程的設計與

成品的使用，能夠讓參與的人獲取相關知識，並增加自我照顧能力，也能透過與他人分享、互動過程，提升社交能力，抒發心情並且提升自我價值之肯定，對於受到生理老化之影響，對自我學習能力產生懷疑的高齡者尤其適合。

表 5-5　樂活手作活動規劃

課程類型	課程內容	五感體驗與效益					備註
樂活手作 （LOHAS DIY）	植物精油 天然香草洗髮乳 手工香皂 天然防蚊液 紫草膏 護唇膏	視	嗅	觸	味	聽	自己動手做，用得健康又安心
		V	V	V			
		生理	心理	認知	社會		
		V	V	V	V		

圖 5-8　自製薰蒸艾草條

六、綠色遊戲

　　所謂的「綠色遊戲」，就是利用大自然素材來提供遊戲玩樂的體驗活動，從前在鄉間常見的花草遊戲，如競技酢醬草、指甲花染指甲、吹蒲公英、草編昆蟲等，都是在鄉間或是綠地很容易取得材料所進行的活動。遊戲最容易讓人放鬆，也是最快能提升社交互動的方法，綠色遊戲不分年齡、不分性別、不分團體，除了遊戲本

身之外，更富有許多教育和生命的體驗，以下分別介紹幾種有趣的綠色遊戲。

（一）酢醬草拔河鬥士

說到酢醬草大家都對它非常熟悉，紫花酢漿草的葉片由 3 片小葉所組成，葉柄細細長長，直接由莖基部長出，裡面還有一個絲狀的構造物。酢醬草有時會有 4 片小葉組成的變異個體，就是我們所說的「幸運草」，要找到這樣的變異體不太容易，所以碰巧遇到的時候，就會是幸運的代表。

將酢醬草長長葉柄的外皮撕開，會看見一細長的絲狀構造，握住此處末端，將 2 片葉子互相拉勾就可以進行拔河比賽，看看誰的葉子可以撐到最後都不會斷裂就是勝利者。

除此之外，酢醬草也是一個非常好的地被植物，由於它的莖部是有數個鱗莖聚生而成。臺灣的紫花酢醬草不易結果，所以鱗莖是主要的繁殖器官，在鱗莖成熟且呈褐色後非常容易脫落，通常藉由土壤內的昆蟲移動就能帶走鱗莖，或是人們在草地進行割草作業時，割草工具（刀片或牛筋繩）將鱗莖撒到其他地方，一段時間後，鱗莖又會重新萌發成新的植株，因此紫花酢漿草的分布區域很廣，繁殖力也很強，處處可見，建議大家在進行戶外踏青或導覽的時候，偶爾不妨低下頭來，尋找這美麗的芳蹤。

遊戲方法：

本遊戲可由兩人對戰延伸至多人對戰，所選用的材料為粗壯的酢醬草葉數根，酢醬草的草柄儘量完整，可增強拉扯的力量，提升勝率。

將一根酢醬草底端折斷一小截，會見一絲狀構造，將絲狀構造沿著葉柄撕開後，再將葉柄外皮撕掉，葉片不撕掉，再將兩片酢醬草葉片互纏一圈，由對戰兩人各拉一頭開始競賽。

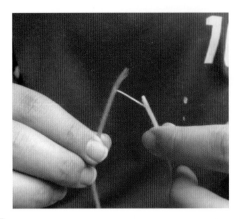 

▋ 圖 5-9　常見的紫花酢醬草，是兒時的遊戲記憶

(二) 指甲花染指甲

　　植物具有相當多的色素，如葉綠素、葉黃素、類胡蘿蔔素、花青素等，這些色素有時沾染在皮膚上，皮膚會有短暫的染色；因此我們將它拿來做染料，其中有些花朵的色素可以彩繪指甲，故被稱為「指甲花」。俗稱的指甲花有很多種，這裡所說的是一般野外較容易取得的鳳仙花，並不是園藝品種非洲鳳仙花。鳳仙花為鳳仙花科鳳仙花屬的植物一年生草本，植株高度可長至 60 ～ 90 公分，並具有披針形的葉子互生，花色有粉紅、白、紅、紫紅、紫等多種顏色；果實為蒴果橢圓形，果皮上被有粗毛，成熟前為綠色，成熟後果瓣轉黃並旋轉爆開，與非洲鳳仙花不同之處，鳳仙花植株高，花多開在莖葉之下，雖不如非洲鳳仙花觀賞價值，但花朵數量仍很多，用來玩綠色遊戲是很好的材料喔！

遊戲方法：

　　材料：多枚指甲花的花瓣、研磨缽、多塊紗布與棉線，少量水。

　　先將指甲花放入研缽中，加入幾滴水進行研磨，直到汁液流出後，用紗布沾取汁液和花朵泥敷在指甲上用棉線纏繞固定，等待約 10 分鐘後取下，指甲上則會有淡淡的色彩。須注意花朵泥不宜過溼，避免上色過淡，此外，也無須整個紗布都沾滿汁液，才不會過度沾染指甲以外的皮膚。

七、綠色旅遊

生活在都市叢林裡的人們，在工作與環境的高壓中，人們對於健康的需求逐年提高，而健康的休閒活動也越來越被重視。健康的旅遊活動被大眾所接受並趨之若鶩，透過健康的綠色旅遊，可以深度了解臺灣當地文化，並且放鬆心情，體驗健康獲得幸福感。

臺灣是美麗之島，擁有豐富的地形、特殊的海岸地形和挺拔的山峻，島內氣候合宜，人文歷史悠遠，農產富饒，四季景致多元，擁有許多特殊的「忘憂景點」，非常適合規劃深度的綠色旅遊。

(一) 阿里山

阿里山自然景觀極為豐富，日出、雲海、晚霞、神木與鐵道（阿里山森林鐵路）並列為「阿里山五奇」，而「阿里雲海」更被列為「臺灣八景」名勝之一。此外，1903 年日本人在阿里山試種櫻花，因為氣候合適，造就了阿里山櫻花的美景。每年 2～4 月間是阿里山的賞花季。

▌ 圖 5-10　阿里山森林鐵道和櫻花盛會

(二) 日月潭

「波光瀲灩分兩色，一邊紅紫一邊藍」，日月潭簡稱明潭，為臺灣第二大湖泊

及第一大（半）天然湖泊兼發電水庫。自然生態豐富，景色優美，「雙潭秋月」為「臺灣八景」名勝之一。日月潭也是臺灣原住民邵族的居住地。由於過去平埔族稱居住於山裡的原住民為「沙連」，而內山以日月潭一區為最大的積水盆地，故日月潭舊名又稱為「水沙連」。九族櫻花祭結合日月潭環湖數百棵山櫻花和區內九族文化村種植的逾 2000 棵重瓣緋寒櫻，是全臺灣最美麗、櫻花密度最集中的賞櫻勝地。從 2001 年起，每年 2 月舉辦盛大「櫻花祭」活動，帶動國內賞櫻風氣，也奠定了日月潭在臺灣春天賞櫻的地位。

（三）竹子湖海芋季

「竹子湖」是一個充滿著濃濃鄉土味、又帶有詩情畫意的地方，位居大屯山、七星山與小觀音山之間的谷地，早年曾經是火山爆發後所形成的天然堰塞湖，在湖水退去後，留下肥沃優質的土壤，形成一處典型的農村聚落。然而其過去栽植大片箭竹及孟宗竹，每當起風時，大片竹林隨風起舞似湖面波浪而得名，至今仍可由四周山坡上竹林略見一二。「竹子湖」海拔 670 公尺，氣候冷涼多雨，終日雲霧繚繞，讓竹子湖像個蒙上面紗害羞的小姑娘，增添一份浪漫氣息與神祕色彩；得天獨厚的氣候條件，及擁有豐沛潔淨的山泉水源，形成孕育海芋成長的最佳環境。「海芋」——竹子湖的風情花，每年 3 ～ 5 月揭開竹子湖神祕的面紗，而成為知名的旅遊景點及最浪漫的花鄉。現在又多加種了繡球花，讓花季可以延至 6 月。

（四）客家桐花祭（五月雪）

桐花在每年 4、5 月於北臺灣沿臺 3 線分布，在臺北、桃園、新竹、苗栗、臺中、南投、彰化等 7 縣市，甚至全臺灣均能見到其花開的蹤跡。早期客家人以撿油桐子維生，美濃紙傘則以油桐子所榨之油為塗料，油桐木亦可作為製作火柴、抽屜、木屐的材料，白色的桐花曾是客家庄的守護神，如今更像是捎來幸福的春之女神。「客家桐花祭」活動緣起 2002 年，於苗栗縣公館鄉北河一處桐花林蔭下之百年伯公石龕設壇，客委會以客家族群過去在山林間賴以維生的香茅油、樟腦、木炭、番薯、玉米、生薑、茶等祭品，向土地、山神、天神祝禱祭告。因此每年桐花祭的舉行，除了邀請大眾賞花、遊客庄之外，另於開幕活動期間以簡單祭儀精誠致意，以蘊涵客家文化傳統、肅穆、潔淨、虔誠、祈福的精神。

（五）大湖草莓季

大湖鄉草莓栽培史最早可溯自 1934 年，歷經農民研習新品種後，以及當地政府積極輔導栽培下，在大湖鄉各個村落田園均有種植，面積廣達 350 公頃以上，大湖的草莓早熟、果實大、味甜多汁、色澤鮮豔，成為大湖鄉最具經濟價值的特產，享譽全省，每年冬春之際產期，來此採草莓的人潮不斷，是全臺灣最知名的「觀光草莓園」地區。

大湖鄉為開發草莓觀光不遺餘力，因此策劃出草莓季來吸引觀光人潮。許多休耕後的穀倉和農舍，則成了讓遊客體驗農家樂趣的農莊和民宿。經農委會輔導，成立農村休閒酒莊（大湖酒莊）和草莓文化館；大湖酒莊最大特色產品為草莓酒的生產製作，其嚴謹的製造過程，以及豐富充滿人文的教育解說，一向廣受大眾好評；大湖鄉農會釀製多種草莓酒——湖莓戀，其中「草莓淡酒」在布魯塞爾 2011 年世界酒類評鑑競賽獲得金獎榮耀。

大湖酒莊園區除了活動中心可舉辦活動外，同時有戶外草莓田，可供民眾實際體驗摘草莓的樂趣。結合了農村休閒酒莊、草莓文化館，及整合周邊旅遊景點，造就了草莓文化酒莊休閒園區，並成為休閒農業的新指標；使大湖地區成為全年無休的休閒旅遊新景點。

（六）薑麻園

大湖薑麻園及三義雙潭兩個休閒農業區，早於清朝時期由於地形、土質、以及氣候等特殊條件，加上先民刻苦耐勞與擁有種植生薑優越技術及經驗，因此普遍種植生薑，不論是質或量，均被政府與民間所讚譽，「薑麻園」這個地名之稱呼也就漸漸形成。園區內農作物豐富，全年皆有農產品的生產，例如草莓、桃李、高接梨、甜柿、柑橘、桂竹筍、薑等。而其中最具特色、也具社區代表性、且全年都有的就是「薑」，遊客到薑麻園皆能品嘗到薑的產品。各休閒農場相繼研發推出各具特色的創意產品：例如薑汁撞奶、薑汁餅乾、薑麻養生鍋、薑麻冰沙或薑麻泡澡粉等。

（七）桃米生態村

位於南投縣埔里鎮桃米里，是臺 21 線埔里往日月潭路上的美麗山村，距離國

立暨南國際大學約 1 公里，海拔 430～800 公尺，依山傍水，溪流終年清澈，農田、村落、森林及多樣化的溼地交錯，景觀優美如世外桃源。桃米生態村野生動植物豐富，常見的青蛙有 19 種，蜻蜓及豆娘有 43 種，鳥類有 60 種，螢火蟲、桃實百日青、蓮華池杉木等珍貴動植物處處可見。桃米名稱由來是因百多年前，魚池五城一帶缺乏米糧，當地居民常需翻山越嶺到埔里購買挑運，桃米因位於挑米路線的中繼站，挑夫常在此歇腳休息，這裡便被稱為「挑米坑仔」。日治時代稱做「挑米坑庄」，光復後則改稱「桃米里」。此美麗的小山村，歷經 921 大地震，從家園母土找到重建的契機，目前已有多間民宿，並開發看蜻蜓、賞蛙生態學習及體驗行程；完成森林浴步道、水上瀑布、生態池、生態苗園等生態旅遊設施。桃米的村民和善、親切、熱誠，且有特有生物研究保育中心專家訓練簽證之生態解說及調查員 15 人，提供專業解說帶團服務，是一個最好的生態學習、賞鳥、聽蛙、看蜻蜓、徜徉大自然之生態旅遊場所。

(八) 梅峰桃花緣

臺大山地實驗農場自 1998 年起，嘗試由農業示範經營轉型，開辦了自然生態體驗營。累積多年的經驗及體認，得知大部分遊客需求的是參與度較淺的、以欣賞美麗花卉與景致為主的休閒活動。為了試驗不同的經營模式，並提供民眾不同的選擇，農場自 2002 年（臺灣生態元年）起，選擇農場最美的季節、亦即桃花盛開的 3 月開辦「梅峰桃花緣」活動。「陽春三月，緣山行，忘路之遠近，忽逢桃花林，路徑數百步，中無雜樹，芳草鮮美，落英繽紛」。該項活動結合了高山園藝及自然生態體驗等綠色資源與景觀，呈現花與綠融合之美。活動期間安排各種不同主題區，將文化藝術與綠色資源相互結合，充分表現出其特色與優點。在活動路線上設置的定點解說與導覽服務，亦提供了精彩豐富的戶外教學機會，為一種將傳統農業結合教育與休閒的良好示範。

(九) 風櫃斗賞梅

南投縣信義鄉栽種梅子的歷史甚早，適宜的氣候和土壤，使得信義鄉成為臺灣最大的青梅產區，總產量約占全臺灣 25～28%，所以梅花可觀賞的面積與數量也居全臺灣之冠，其中又以風櫃斗地區的梅園最負盛名。每年冬天 1 月梅花盛開，漫

步在梅樹下，梅花片片如雪花落下，景色令人動容；4月清明時節梅果成熟時，則可安排採梅體驗活動；因此，賞梅與採梅便成了梅鄉最詩情畫意的事。

▌ 圖 5-11　冬季賞梅

（十）【上安峑休閒農業區】

南投縣水里鄉「上安峑休閒農業區」是目前南投發展休閒農業最成功的休閒農業區之一，「峑」是「梅」古字，讀音一樣。與信義鄉為鄰，是新中橫公路必經之地，農特產豐富，有香菇、葡萄、梅子、水蜜桃、甜柿等，上安村的居民大部分以務農為生，近幾年由於當地產業的凝聚力，而發展為全方位的休閒農業區，園區內以栽植葡萄和梅子為大宗；梅園集中於特色景點「鵲橋」兩側山坡地，冬天梅花盛開，可賞梅又能觀景。本區梅子的副產品發展非常豐富，有梅餐、梅酒、梅醋、梅蜜餞等，而最特別的是，社區居民們利用農閒時做出的梅樹幹鉛筆、原子筆、手工藝品，成了休閒農業區的代表作。此外，上安村擁有得天獨厚的天候條件，栽種出來的香菇朵朵肥美、香甜，也有了「峑菇」的有趣別稱，上安香菇農場配合觀光發展，推出香菇生態解說，遊客可親自體驗採菇樂趣。

（十一）古坑咖啡

據《雲林縣志稿》記載，古坑咖啡為日治時期引進。臺灣總督府從巴西引進咖啡豆之後，選擇臺東、花蓮瑞穗、高雄、雲林古坑與南投惠蓀林場為試種農地，最

後發現雲林古坑的品質最好，也成為日治時期獻給日本天皇的貢品，至此，古坑咖啡有「御用咖啡」別名。「古坑咖啡」主產於古坑鄉華山地區，該地區正值北回歸線上，日照和雨量均十分充沛，氣候、土質或排水都相當適合種植咖啡，所產的臺灣原生咖啡，甘甜香濃又不苦澀，自有一番臺灣在地風味，屬於世界極品咖啡。古坑咖啡屬於阿拉比卡種，因為烘焙、萃取的方法與時間和其他盛產咖啡產地有所不同，具有特殊在地風味，「古坑咖啡」儼然成為「臺灣咖啡」的代名詞。自從雲林縣政府 2003 年在劍湖山遊樂區舉辦第 1 屆臺灣咖啡節後，已在全臺灣引起熱烈迴響，進而帶動古坑鄉咖啡相關產業如雨後春筍般快速蓬勃發展，因而雲林古坑被譽為「臺灣咖啡的原鄉」。

(十二) 白河蓮花節

有「蓮鄉」之稱的臺南白河，每年 7、8 月時蓮花紛紛盛開，白河區公所與農會配合蓮花盛開的季節，定期舉辦「白河蓮花節」活動，歷經多年來的大力推廣，目前已頗有成效地結合文化與產業的升級，帶動了地方上整體的繁榮發展。白河蓮花節活動內容，包括蓮鄉星光野營、親子彩繪樂陶陶、蓮花巧手競技以及木球比賽；還有賞蓮文化列車、單騎遊蓮鄉、蓮花大餐等精彩的活動。除了以蓮花為主秀，吸引了許多鎮民與遊客互動外，許多結合蓮花之美的精緻休閒活動，更充分展現出白河地方文化的特殊風貌。

(十三) 桃園觀音蓮花季

「桃園觀音蓮花季」是臺灣每年夏季的觀光盛事，不過，蓮農當初栽種的原因，其實只是為了境內水脈——大堀溪的生態保育而戰！大堀溪流域為觀音區農作物主要栽種區，早年因工業區開發、工廠進駐，連帶引起溪水汙染事件層出不窮；由於臺灣早期檢測水汙染的儀器並不普遍，大堀溪保育協會於是提出在大堀溪流域周圍栽種蓮花，讓素有出淤泥而不染、生長容易的蓮花，擔任大自然的檢測指標；以蓮花的存活率，作為大堀溪水源品質是否受到汙染的依據。工廠接受協會提議之後，大堀溪保育協會遂自 1998 年左右從臺南白河引進蓮花栽種。雖然，蓮花的任務是擔任大堀溪水質檢測員，然其優美姿態也深深吸引大堀溪保育協會的成員，因此有人發起利用佛座蓮花的禪意，將蓮花推廣為觀音區的區花，此項提議獲得廣大

迴響，並於 1999 年由大堀蓮園（現改名爲大田蓮花餐廳）、上大蓮園與荷風蓮園等 3 家農園積極擴大蓮花栽種面積，觀音賞蓮名聲從此打開。

近年來，市場去蕪存菁的結果，觀音蓮園農場數量已從極盛時期的 60 家縮減至 20 家左右，數量雖然減少，卻代表園區品質提升，不少農場蓮園業者已跳脫蓮花的單一觀光思維，改爲花卉農場方式經營，在原本的賞蓮、蓮餐賣點之外，花卉生態教學、鄉村生活體驗、團體戶外活動、農特產伴手禮等多元面向都是業者用來豐富區內旅遊資源、刺激遊客回流的巧思。

圖 5-12　乘坐大王蓮比賽

（十四）馬太鞍溼地生態園區

馬太鞍溼地生態園區位於花蓮縣光復鄉馬錫山腳下，是一處湧泉不絕的天然沼澤溼地，面積廣達 12 公頃。清淺的芙登溪發源自馬錫山，一路匯集自地底冒出的湧泉，由南向北蜿蜒穿過馬太鞍溼地生態園區，滋養著這片沼澤的豐美生命。由於溪流的流速與深淺變化，營造出多樣化的生存環境，使得馬太鞍溼地生態園區裡有多達近百種的水生植物；鳥類、蛙類、昆蟲及水生動物的種類與數量，更是多得令人驚喜。

在其園區田邊的任何一條水溝裡，都可以發現魚、蝦、貝、螺的蹤跡，處處充

滿旺盛的生機。該園區所在地是阿美族馬太鞍部落的傳統生活領域，過去這裡長滿了樹豆，因此阿美族人稱此地為「vataan」（阿美族語「樹豆」的意思），這也是「馬太鞍」地名的由來。

除了鮮美的水產，園區還可以品嘗到各種別具滋味的野菜，例如樹豆的豆子、麵包樹的果實、黃藤的藤心、箭竹的嫩筍、檳榔花穗與檳榔心，以及葛仙米、西洋菜、水芹菜、野苦瓜、木鱉子等，在阿美族婦女的巧妙烹煮之下，每種野菜都成為獨具特色的桌上佳餚。此外，芙登溪裡現撈的魚蝦、香噴噴的紅糯米飯與鹽烤帶鱗的新鮮吳郭魚，更是園區的招牌美食。

1991 年花蓮縣農會在馬太鞍溼地生態園區設立蓮花專業區，推廣種植花蓮縣的縣花——蓮花。30 年來，種植蓮花的區域從 5 公頃逐年增多，每年 5 ～ 8 月間，是到此欣賞蓮花的好時機。沿著 T 形木棧道信步走去，可以享受置身於蓮花花海中的浪漫風情，登上瞭望臺，更可俯看馬太鞍溼地生態園區的全景。喜歡騎自行車的遊客，也可以沿著「馬太鞍溼地自行車道」，來一趟充滿自然野趣的踩踏之旅。

（十五）臺東、花蓮金針山

位於臺東太麻里鄉的「金針山」，原名太麻里山，因盛產金針而易名為浪漫的金針山，是臺灣東部金針三大產地之一，每年 8 ～ 9 月金針盛產季節，滿山遍野黃澄澄的金針花隨風搖曳，金黃色花海迎風搖曳，燦爛奪目煞是美觀，是最佳觀賞期，金針山的美名也不脛而走。此外，金針山純白的野生臺灣百合，於春天遍地怒放，搭配嬌豔的櫻花，形成美不勝收、令人賞心悅目的另項生態奇觀。金針山的茶園，種植著名的「太峰茶」，已逐漸成為另一項太麻里鄉重要的經濟作物。太麻里鄉公所與農會每年都會舉辦不同的花季活動，1 ～ 3 月是櫻花、杏花季，4 ～ 6 月是繡球花、野百合季，7 ～ 10 月是金針花季，都是親身感受金針山之美的好時機。

花蓮縣富里鄉的「六十石山」位於竹田村東側海拔約 800 公尺的海岸山脈上，有一片廣達 300 公頃的金針田，與玉里鎮的赤柯山同為花蓮縣內兩大金針栽植區。六十石山名稱的由來，據當地人說，早在日治時期，一般水田每甲地的穀子收成大約只有 4、50 石，而這一帶的稻田每一甲卻可生產 60 石穀子，因此被稱為六十石（ㄉㄢˋ）山。每年 8 ～ 9 月是六十石山金針花盛開的季節，也是人潮最多的時期，

窄小的產業道路上，常擠滿了上山觀賞金針花海景觀的遊客。

　　花蓮縣玉里鎮的「赤柯山」，早在日治時期就以盛產赤柯樹聞名，日本人將堅硬的赤柯木材砍下運往日本，作為製作槍托的材料。光復後，陸續有來自西部的漢人移入開墾，先是種玉米、花生、地瓜等雜糧，後來才改種金針。經過4、50年的辛勤開墾，赤柯山已從一片荒蕪的山頭，轉變成以金針花海聞名的觀光勝地。海拔約900公尺的赤柯山由於溫度低，金針生長速度較慢，加上雲霧帶來充沛的水氣，以及適合金針生長的紅壤土，因此口感與風味較佳。除了黃澄澄的金針花海，另有著名的「赤柯三景」，坐落在金針田中的3顆黑色火成岩、造型奇特的千噸石龜這兩處天然地景，以及赤柯山現存最早的屋舍——汪家古厝。

圖 5-13　汪家古厝曬金針和金針山

CHAPTER 6

健康園藝的行動

一、吃得對──「我的餐盤有什麼？」

二、睡得飽──「怎樣才能睡得好？」

三、常運動──「我的園藝活動。」

四、心情好──「如何維持好心情？」

五、利用植物進行居家或辦公室布置

六、挑選一款適合自己的茶飲

七、積極參與健康園藝活動

一、吃得對 ——「我的餐盤有什麼？」

　　健康的飲食以均衡為主，例如美國政府農業部（USDA）在 2011 年推出「我的餐盤（My Plate）」，主張蔬菜、水果、澱粉類、蛋白質各占餐盤的 1/4，再加一杯牛奶。而陳俊旭博士早在 2006 年即提出食物四分法，與我的餐盤概念大致相同，但為因應東方人的體質而省略牛奶部分。另外餐盤中生熟食的比例應為 1：1，可以吃得更健康，這些都是健康飲食的代表。

　　植化素常見於植物色素中，如茄紅素、花青素、葉黃素等，因此同色蔬果常具有相似的功能。另外，據中醫說法，食物五色分別對應五臟器官，綠色對應肝臟（綠色—肝—木：例如菠菜、青花菜、奇異果、番石榴），紅色對應心臟（紅色—心—火：例如紅甜椒、番茄、櫻桃、草莓），黃色對應脾臟（黃色／橙色—脾—土：例如胡蘿蔔、南瓜、鳳梨、木瓜），白色對應肺臟（白色—肺—金：例如白木耳、大蒜、冬瓜、馬鈴薯、梨），黑色則對應腎臟（黑／藍紫色—腎—水：例如燒仙草、茄子、海帶、葡萄、李子），也就是所謂的五行蔬果。

　　均衡攝取各色蔬果，可幫助身體各器官功能，這也稱為「彩虹飲食法」。早在 1991 年美國政府即開始推動「天天五蔬果（5aDay）運動」，1999 年臺灣癌症基金會也開始在臺灣推廣「天天五蔬果」口號，2004 年以後則推出「彩虹蔬果五七九」，建議兒童每日應攝取 3 蔬 2 果，成年女性則為 4 蔬 3 果，成年男性需要 5 蔬 4 果來保持身體健康（註：一份約 100 公克，或一顆拳頭大小）。

　　日常食用的糖類及澱粉在精製後營養價值下降，攝取天然、未精製的糖類優於人工及精製糖。天然代糖包含甜菊糖、木糖醇，未精製糖如蜂蜜、黑糖等，紅糖及砂糖則屬於微精製糖；精製糖如白糖、白冰糖，及人工代糖阿斯巴甜與蔗糖素則應減少攝取。然而想要不罹癌，要從健康飲食開始，活化健康的營養三寶：膳食纖維、抗氧化物、Omega-3，以下分述。

（一）膳食纖維

　　具有幫助身體排毒功能。分為水溶性與非水溶性，水溶性溶於水後呈凝膠狀，可與膽汁結合排出體外，使人體消耗膽固醇合成膽汁，間接降低血中膽固醇含量；

並阻礙葡萄糖的吸收分解，延長消化時間及延緩血糖上升；非水溶性促進腸道蠕動，避免毒素於體內停留時間過長而造成發炎。而代表的食物有：TOP 1：地瓜；TOP 2：海藻類；TOP 3：綠豆；TOP 4：地瓜葉；TOP 5：木耳；TOP 6：韭菜；TOP 7：香菇；TOP 8：洋蔥；TOP 9：南瓜；TOP 10：燕麥；TOP 11：花椰菜；TOP 12：蘋果；TOP 13：蘆筍；TOP 14：苦瓜；TOP 15：胡蘿蔔；TOP 16：菠菜；TOP 17：草莓；TOP 18：糙米；TOP 19：櫻桃；TOP 20：空心菜等天然食物（100 種健康食物排行榜，2012，康鑑文化）。

（二）抗氧化物

幫助身體抗毒功能。氧化物（致病因子）主要來源為自由基，何謂自由基？自由基為含有不成對電子的原子或分子，需搶奪其他原子或分子的電子來轉為安定狀態，具有強化學活性，少量時主要作為防禦細菌病毒入侵及發炎反應，若自由基過多，則破壞細胞膜、蛋白質及核酸，影響身體各器官功能。自由基內在來源為發炎、疲勞、壓力，外在來源則有食物（壞油、煎炸物、加工品、燒烤類）、紫外線、輻射物、菸、酒、空氣汙染。抗氧化物質可以中和自由基，常見的抗氧化物質種類有維生素 C、維生素 E、β- 胡蘿蔔素、硒、類黃酮等。代表食物有：TOP 1：茶；TOP 2：葡萄；TOP 3：柑橘；TOP 4：番茄；TOP 5：南瓜；TOP 6：芝麻；TOP 7：枸杞子；TOP 8：洋蔥；TOP 9：蘆筍；TOP 10：茄子；TOP 11：芭樂；TOP 12：空心菜；TOP 13：黃豆；TOP 14：花生；TOP 15：大白菜；TOP 16：動物肝臟（豬、雞、鴨、鵝肝）；TOP 17：海參；TOP 18：豬；TOP 19：沙丁魚；TOP 20：玉米等天然食物（100 種健康食物排行榜，2012，康鑑文化）。

（三）Omega-3（ω-3, Ω-3）

具有抵銷 Omega-6 引起發炎的作用，有幫助身體消毒（緩解發炎）功能。代表食物有：魚類、魚油、海帶、堅果類、亞麻籽油、紫蘇、黃豆、青花菜、酪梨等。

除了一般食物外，水是維持人體重要機能的要素，水約占人體的 75%，喝水幫助身體排毒代謝、促進腸胃蠕動、調節體溫、安定精神，同時能減緩老化速度，也可抗膀胱癌。喝水以喝白開水最佳，減少喝不健康的飲料，可避免喝下過多的糖分、色素、人工香料等危害身體健康的因子。一日約需喝 6 ～ 8 杯的白開水（體重

每 1 公斤約 30 毫升，例如體重 50 公斤約需喝 1500 毫升的水），以喝溫水最佳。早晨起床後及運動過後是飲水的最佳時刻，可喝較大量的水，平時則隨時可喝適量的水，飲用時需放慢速度，避免大口喝水。

簡言之，原味最好，減少食用精製澱粉及糖，並且多喝水。

二、睡得飽——「怎樣才能睡得好？」

清代李漁認為「養生之訣，當以**善睡**居先」，顯示睡眠的重要性。臺灣睡眠醫學學會 2015 年調查顯示，臺灣患有慢性失眠比例約 1/5，即每 5 人中就有 1 人具失眠困擾。尤其隨著年齡增加，大腦皮質的抑制過程減弱和興奮過程增強，易造成失眠症狀。但造成銀髮族失眠的原因大多是多重因子，包括疾病因素，如呼吸系統疾病、高血壓、糖尿病等；心理性疾病，如環境變化（如搬家、轉移照護環境等）、心理因素（如退休、喪親、社交減少、思慮過多等）；不良的生活習慣，如菸酒、睡前的刺激性活動、興奮性的食物等。

然而睡眠對健康具有重大意義，睡眠可以消除疲勞，因為睡眠時體溫、呼吸速率及心跳速率皆會下降，內分泌減少，可降低代謝率，恢復體力，且睡眠狀態中耗氧量減少，利於儲存能量、恢復精力。此外，睡眠期間各組織器官會進行修復，且是分泌抗體、抗原及生長激素的重要時期，若睡眠充足且品質佳，可增強免疫力，並能養顏美容，一舉數得。長期失眠則會使免疫功能降低、體重上升或下降、血壓不穩定，也與憂鬱症及焦慮症的發生有關。

改變飲食習慣也可以增進睡眠品質。平時可以多吃富含色胺酸（Tryptophan）的食物，因色胺酸是人體必需的氨基酸之一，會轉換成與調節睡眠有關的神經傳遞物質——血清素（Serotonin），色胺酸含量高的食物有小米、芡實、蕎麥仁等，可幫助睡眠；其他安神鎮定食材如核桃、蓮子、桂圓，也有助於舒眠。睡前則需避免食用過多含酪氨酸（Tyrosine）的食物，因酪氨酸會合成神經傳遞物——多巴胺（Dopamin）及正腎上腺素（Norepinephrine），使血壓上升、體溫增加、精神興奮、消除睡意，而肉類及相關肉製品中均含酪氨酸，因此於睡前需避免食用。

此外，可利用香草植物萃取之精油或飲用香草茶來幫助放鬆、改善失眠，如薰

衣草、洋甘菊、茉莉等萃取之精油，或飲用此類香草爲配方所沖泡之香草茶，亦可達到舒眠效果。

三、常運動──「我的園藝活動。」

伏爾泰說：「生命在於運動」。希臘哲學家蘇格拉底亦說：「身體的健康因靜止不動而破壞，因運動練習而長期保持」，因此經常性運動可延緩衰老、防病抗病。尤其銀髮族身體各器官機能下降，新陳代謝減緩，骨骼內有機物質減少、無機質增加，軟骨部分則減少，一旦跌倒極易發生骨折，且容易產生骨質疏鬆或關節炎等問題，造成銀髮族活動量及活動方式皆受到限制；因此較忌諱從事活動量過大、激烈競爭活動，應以從事較緩和、負擔較輕的活動較佳。

銀髮族的運動以有氧運動效果最佳。有氧運動是指在比較長的時間內持續性的運動，由於運動時攝取較多的氧，體內不易累積乳酸，因此不會感到疲勞，對於成年人是比較適當的運動。且有氧運動可提升心肺功能、增加體內血紅蛋白數量，提高抵抗力並抗衰老，增強大腦皮層工作效率，增加脂肪消耗，降低心、腦血管疾病發生機率。

「快走比慢跑安全；比散步有效」，健走要求走路跨大步、速度敏捷、雙臂擺動、抬頭挺胸，「健人就是腳勤」。另外，園藝活動亦是較爲輕鬆及緩和的活動，適合高齡族群參與。且部分園藝活動操作可等同於一般運動的強度，例如：澆水、除草、翻土等操作皆有運動效果，且可訓練手部或腳部動作及協調性，增加感官刺激，延緩老化。

運動場所亦有一定的重要性，古諺曰：「常在花間走，活到九十九。」這句話從現代角度解讀，因爲種植植物的場地通常有較高含量之負離子，其具有預防、治療疾病、促進新陳代謝、增強人體免疫力的功效。另外，空氣負離子還有去除塵埃、消滅病菌、淨化空氣的作用，被譽爲「空氣維生素」，因此植物所構成的空間是最佳的運動、休閒場所，如高爾夫球場、棒球場，或在公園快走、打太極拳等，於植物或有水的地方運動效果更佳。

四、心情好 ── 「如何維持好心情？」

維持好心情是健康的不二法門，透過紓壓的園藝活動，可提升參與者的正面情緒，並從中獲得滿足與社會的認同，增加五感刺激維持身體機能，且有良性的社交互動與溝通，維持和諧的好心情。

壓力與疾病的發生密不可分，適當地抒發壓力，有助於保持心情愉悅，維護身體健康。而心理的調適可包括健康紓壓飲食、參與園藝活動、精油按摩／芳香療法、親近自然等。

（一）健康紓壓飲食

健康的蔬果汁及香草茶都是良好紓壓飲食，蔬果汁可中和酸性體質，促進新陳代謝，幫助身體排放毒素，同時可刺激大腦活力，有助於保持好心情；花草茶則可舒緩精神壓力，不同的配方分別有提神、舒眠或放鬆的功效。例如可飲用主成分是迷迭香、薄荷、馬鞭草等的香草茶，幫助提振精神、集中注意力；成分是薰衣草、洋甘菊、香蜂草等的香草茶，可幫助舒緩壓力、放鬆心情。

（二）參與園藝活動

園藝活動類型可分為「純觀賞型」和「活動參與型」。「純觀賞型」又稱為「景觀療癒」，以欣賞與植物相關的照片、影片及至自然風景區以靜態觀賞的方式放鬆心情。「活動參與型」包括植栽活動，栽植蔬菜、水果、花卉等，參與園藝活動可帶來生理、心理、認知、社交等效益，參與者在活動中獲得喜悅、滿足感、認同感、活動身體，且多與人互動可提升正面能量。

（三）精油按摩／芳香療法

香草植物具有芳香成分，透過精油的萃取，並藉由按摩、薰香、洗澡等，經由皮膚或呼吸等方式進入體內，達到舒緩壓力或緩解疾病的治療方式，即稱之為芳香療法。

芳香療法歷史悠久，早在古文明文化中就已發現有書籍記載著利用藥草治病的方式，延續至今，芳香療法已被廣泛研究且證實對於疾病及壓力的釋放具有相當良

好的功效。近年來，全球經濟發達，各行各業工作壓力大，造成生活品質下降，健康狀態變差，使得社會大眾開始注重健康養生，許多人為了讓自己活得更健康，擁有更好的生活品質，紛紛開始尋找最佳的紓壓與健康方式，其中芳香療法最為人喜愛，因為成分天然，容易入手，透過這樣的療法可讓人回歸自然養生，因此逐漸受到人們的喜愛與重視，並經常使用在實際的生活中。

目前使用的芳香療法應用方式有：

1. 嗅覺呼吸法

香草的芳香精油分子經由呼吸道吸收傳送到大腦、各個器官與系統發揮作用，藉由嗅覺喚醒記憶、放鬆神經，讓人感到心情愉悅，這也是為什麼藉由芳香氣味可以讓人達到生理、心理和情緒的穩定。嗅覺呼吸法可分為水霧式、擴香石、薰香式、熱蒸氣等。

2. 皮膚吸收法

利用香草植物精油分子的滲透力，藉由按壓、推拿的方式由皮膚吸收，深入皮膚組織送至淋巴系統，再由身體自然代謝掉。

3. 口服吸收法

目前有部分精油是可以經由口服使用，但品種與使用劑量一定要慎重，最好經過芳療師及醫師的評估再使用，貿然使用不但未能達到紓解治療的效果，反而會有負面的影響。

(四) 親近自然

常言道：「大自然是最好的老師」，走到戶外親近大自然，體驗四季美景的變化，進行心靈的淨化，做做森林浴、海水浴，感受太陽的熱情，享受舒適的微風，乃是人生一大樂事，藉由感官體驗自然的美好，仔細思考大自然的智慧，促進身心愉悅。

五、利用植物進行居家或辦公室布置

植物擺放前，先於家中手持指南針，找出東、西、南、北、東南、東北、西南、

西北等八個方向，確定「八大方位」的位置。妥善利用八大方位的開運類別及吉祥植物，可以讓風水發揮最大效用。

植物在室內擺放方式主要有單植、對植、群植，單植只擺放單一盆花，最好姿態優美、顏色鮮明，適合近距離觀賞，於開門的對角線處擺放最為有利。對植一般是同一種花木對稱擺放於辦公室、房門入口處、樓梯兩側，表現對稱美感。

群植可以是大小不一的同一種花木種植在一起的「單一群植」，或是種類、花色多樣的花木「混合群植」，可與各類裝潢搭配，模仿自然型態，擺放方式自由，但與環境和諧且不影響原有的活動功能。除上述擺放方式之外，尚可以懸垂、攀緣、壁掛、插花等多樣形式加以配合。

所有空間擺放應有一視覺重點，客廳的視覺重點正是傳統上所謂的財位，可擺放花瓶，運用花期長且具吉祥意義的植物。另一擺放原則便是在旺位上放置大葉常綠植物，衰位上則放置化煞植物。

圖 6-1　植栽轉角布置
樓梯入口、轉角處或是一些角落空間，都可利用花草來布置，惟須留意空間的光線是否充足，才能延長植物的觀賞期。

圖 6-2　植栽轉角布置
以組合盆栽的手法組合多種觀葉植物，高低錯落有致的層次感，使單一盆栽就有豐富的
視覺效果，並讓轉角處更有亮點。

（一）好運福氣來 —— 玄關風水布置

　　玄關為大門與客廳的緩衝地帶，中國古代稱其為過廳、門廳，於風水角度上可阻擋外來煞氣直入客廳、防止吉氣外洩，並提供客廳的私密性，同時玄關亦是家庭訪客進到室內後的第一個地區，其布置可能影響客人對主人的印象，具有居家裝飾上的重要性。

　　因此玄關布置重點在於呈現屋主的生活品味，並營造溫馨氣氛，擺放植物於玄關可綠美化室內環境、增加生氣，植物種類宜以賞葉的常綠植物為主，擺放綠意盎然的小型盆栽於吸引人目光的檯面高度，適合使用的植物，包括：黃金葛、蔓綠絨、嬰兒的眼淚、白鶴芋、馬拉巴栗、薜荔、蝴蝶蘭、文竹等，避免有刺的植物如仙人掌、玫瑰及九重葛等，且玄關植物必須保持長青，若有枯黃就要盡快更換。

　　另可擺放開花的切花或盆花於玄關，例如在玄關處的鞋櫃上擺一盆紅色鮮花可為家室招來好運，黃色花利於愛情，粉色花利於人際關係，保持心情愉快。此外，玄關與客廳之間可以考慮擺設同種類的植物，以便連接這兩個空間。如果遇到玄關光線不佳、遭受穿堂風的吹襲、夜晚溫度低、走道狹窄、空間較小等情況，則強健

的觀葉植物會比形態特殊的開花植物來得合適。

圖 6-3　飯店大廳最需要運用吉祥植物來創造「財位、旺位」的空間視覺重點，代表福氣來的蝴蝶蘭，是最受歡迎的空間布置植物，亦能帶動飯店營運的生氣蓬勃

圖 6-4　玄關布置重點在於呈現屋主的生活品味，並營造溫馨氣氛，可利用切花及藝術品等組合布置來增加美感，玄關亦是家庭訪客進到室內後的第一個地區，可能影響客人對主人的印象，具有其重要性

（二）開運旺財──客廳風水布置

　　客廳為觀看電視、起居休憩，家人共同相聚空間，並有接待親朋好友聚會功能，客廳風水布置與家庭及人際關係的和諧具重要影響。客廳布置重視財位，於財位上放置招財運植物最佳，宜用生命力旺盛的闊葉植物或是具有香味的切花，或可擺放蝴蝶蘭象徵福疊來，忌用帶刺的化煞植物。可於客廳特定方位放上開花或具果實之植物，象徵開花結果，強化八大欲求的開運效果，例如正東方主健康運，東南方主財富運，東北方主文昌運，西南方主愛情運，北方主事業運等。

　　所以，如果想加強健康運，可在客廳東方（五行屬木，綠色）放置茂盛、四季常綠或葉形圓的觀葉植物，增進全家人的健康和福壽；若有家中成員面臨考試，可於主文昌運的東北方（五行屬土，黃色）放置黃色花朵或黃色葉片植物，或選擇前述羅漢松、雞冠花、狀元紅等增加文昌運之植物。

　　一般客廳植栽選擇通常以中、小型盆栽或插花方式為主（如白紋草、粗肋草、荷包花、波士頓腎蕨、黃金葛、五彩千年木、長壽花、虎尾蘭、酒瓶蘭、常春藤、蝴蝶蘭、文心蘭、合果芋、大岩桐等），大型盆栽（如巴拉馬栗、福祿桐、黃椰子、觀音棕竹等）則以不妨礙通行或空間足夠時再使用，平日工作忙碌的家庭可選擇綠色觀葉植物以舒緩壓力，假日可從陽臺換上色彩較繽紛的觀花盆栽來裝飾。

　　許多現代客廳具尖角與梁柱，易構成視覺壓力，並影響住宅風水，可擺放高大濃密的常綠植物於尖角位，或是放置魚缸，以魚缸的水消除尖角位的壓迫，另可將尖角中間的一截架空，設置一多層木製花臺，放置幾盆吉祥植物，並加裝燈光照明，既可避免尖銳示人，又使家中頓添盎然生趣。

圖 6-5　許多現代客廳具尖角與樑柱，易構成視覺壓力，並影響住宅風水，可擺放常綠植物來改善，甚至隔間也可利用盆栽來做視覺區隔，兼具綠意與創意

圖 6-6　客廳空間如有出現尖角或梁柱，可放置魚缸，以魚缸的水消除尖角位的壓迫感，魚缸中還可種植水生植物，增加生氣及綠意

圖 6-7　客廳客桌上布置可選擇插花方式，現在很多大賣場都有設置新鮮切花櫃位，消費者可自由選購，在買菜、買肉之餘，記得買束花回家布置

圖 6-8　仙人掌等帶刺的植物雖有防小人之說，抗耐性也不錯，但客廳風水布置與家庭及人際關係的和諧具重要影響，所以仍要避免帶刺的葉形

（三）淨化補運——臥房風水布置

　　臥室為休息及睡眠空間，設計上注重寧靜雅潔、舒適放鬆氣氛，若設計不當可能降低睡眠品質，進而影響身心健康。五行中的「木」可補充勇氣與衝勁，因此擺放綠色植物能增加運勢，但因大多數植物屬陰，所以也不宜擺放過多植物。臥室面積有限時，以小型盆栽、吊盆或切花為主，如蔓綠絨、常春藤、五彩千年木、仙客來、黃金葛、鵝掌藤等皆適合，可置於臥室內的書桌、窗臺、化妝臺上，但須注意光線充足，避免過於接近衣櫃或是床鋪，以防溼氣和微生物干擾；而較寬敞的臥室則可選擇較大型的直立盆栽；切花則需注意勤於更換避免枯萎。若臥室為套房格局，則可在廁所放置綠色植物或插上鮮花，幫助消除過多的「水」氣。

　　風水中東側象徵活動、發展，盆栽植物可放置於房內東側、早晨起床就可感受之位置較佳。於床頭擺放鮮花可兼顧品味及開運效果，但需注意花若為玫瑰則需事先去除刺。若重視空氣品質，可考慮放置晚上能淨化二氧化碳的多肉植物（但需避免放置有刺的仙人掌），如石蓮、發財樹（翡翠木）等。

圖 6-9　臥室內的書桌、窗臺、化妝臺上，也可布置花木，光線若較弱，可選擇觀葉植物為主，並避免過於接近衣櫃或是床鋪，以防溼氣和微生物干擾

(四) 健康好心情──廚房風水布置

廚房掌握一家大小食的健康，愉快且促進食慾的氣氛是設計重點，而廚房的環境溼度也很適合植物生長。且廚房為家中財庫，置放盆栽以果實類較佳，象徵財源和糧食都不於匱乏，例如辣椒、番茄盆栽，另可栽種薰衣草、薄荷等香草植物增進家人健康。

廚房如果位於窗戶較少的朝北房間，用盆栽裝飾可消除寒冷感，可選擇喜陰的植物，如粗肋草、黛粉葉、星點木，另由於廚房的油煙多且溫度較高，因此不宜放大型盆栽，吊掛且具淨化空氣效果之盆栽較為合適，如吊蘭。廚房常備有散發高熱的瓦斯爐、烤箱、冰箱等家用電器，容易導致植物乾燥，擺些普通而富有色彩變化的植物是最好的選擇，這比嬌柔又昂貴的植物來得實際；適合的植物有彩葉草、變葉木、黃金葛、吊竹草、斑葉絡石等，色彩豐富的植物可以柔化線條，為廚房注入生氣。

位於南方的廚房，可擺放強健的觀花植物緩和日照，減少人焦躁不安的情緒。

位於西方的廚房，應擺放耐熱、耐西曬的、枝強葉厚的植物，如虎尾蘭、九重葛、仙丹花等，可擋住夕陽的惡氣，並帶來好運。

位於東方的廚房，可在桌上、電冰箱附近擺放代表著太陽的顏色紅花，因為東方是日出的方向，擺放綠色植物或開花植物，如非洲董、大岩桐、四季秋海棠、非洲鳳仙花、天竺葵等，使人感到溫馨和愉悅，有利於保持身體健康。

圖 6-10　綠意盎然的餐廳，令人感到紓壓及舒爽，連桌上佳餚也變得美味了，居家廚房及餐廳雖然空間不大，但若能以花草布置，一定可在愉快氛圍下促進食慾，提升一家大小飲食健康

圖 6-11　各種造型的苔球植物搭配玻璃或陶瓷花器，可在餐桌空間表現綠意及創意，但因苔球需
　　　　經常保持溼潤，所以不宜放置在烤箱、瓦斯爐等會發熱的廚房工具附近

圖 6-12　在光線充足的位置種植適宜的花草，不僅花開美麗，也能減少人焦躁不安的情緒，帶來
　　　　紓壓及好運，更能增加好人氣

六、挑選一款適合自己的茶飲

花草茶

花草茶就是一切有益身心健康的植物所煎煮或沖泡出來的飲品。包括植物的葉、莖、根、花朵、果實等，都屬於花草茶。目前市面上大多販賣乾燥過後的產品，其實新鮮的花草植物也可以拿來沖泡飲用，但若要長時間保存，需要經過乾燥處理才容易存放，不易發霉。

喝花草茶的好處相當多，花草茶不含咖啡因、酒精，不會有咖啡因成癮或是心悸、血壓上升等後遺症，也不會對身體造成負擔。此外，在繁忙的生活中透過泡茶的片刻，可怡情養性，放緩步調，透過嗅聞沖泡茶飲所散發的香氣，可讓人放鬆心情，舒緩忙碌緊張的壓力。

如何沖泡出一壺合宜的花草茶呢？首先需要挑選良好品質和合宜療效的花草茶。選購乾燥度好的花草茶，水分最好在 4% 以下，便於居家保存，而花草茶應以冷凍方式保存，並且需要注意花草的性質，如安眠作用的薰衣草，就不要與可振奮精神的迷迭香一起沖泡。如果不知道各種香草的特性，最好單獨飲用。

沖泡的技術也會影響花草茶的風味，通常沖泡花草茶時第一泡水溫不宜過高，約在 60 ～ 80℃即可，略微浸潤花草茶後即倒掉，再用 90℃以上的熱水進行沖泡，沖泡量通常約 50 ～ 100 倍水或依茶包上的說明進行，若沖泡量增加則會使茶味變淡，過少則會變濃，通常一壺香草茶可沖泡 2 ～ 3 次。花草茶是不須添加其他糖分即可飲用之飲品，但有些人會在花草茶飲中添加糖分來增加風味，建議使用之糖分來源，以甜菊葉片或天然蜂蜜為主，較不與花茶草衝突，更能增添風味與香氣。

目前市售花草茶非常多樣化，有乾燥花草，也有複方茶包，如臺大園藝暨景觀學系與臺大農場研發出品兩款花草茶飲「紓壓香草茶」和「活力香茶」。如果想為自己客製化一款專屬的花草茶飲，可嘗試以各式香、藥草的搭配，來製作個人化的飲品，但建議不要使用太多種香草或是太多味道強烈之香草混用。有部分具特殊療效之香草不適合幼兒、孕婦或慢性病患者，因此正確的使用香草是需要謹慎了解其特性。此外有一點要特別注意，原則上不建議使用精油沖泡飲用，除非有芳療師或醫師建議；一般情況下以新鮮或乾燥的香草加水沖泡飲用即可。

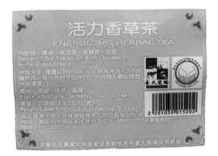

圖 6-13　臺大園藝暨景觀學系與臺大農場共同研發的兩款花草茶飲——「紓壓香草茶」和「活力香草茶」

  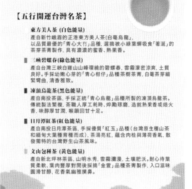

圖 6-14　五行開運台灣名茶

七、積極參與健康園藝活動

　　健康園藝活動適合人人參與，在忙碌焦慮的壓力生活中，健康園藝活動是舒緩壓力的一門途徑。健康園藝活動眾多也富多樣性，可配合不同族群進行活動的調整，達到不同的健康目標。

　　生活在都市叢林的人們，鎮日面對水泥高牆，長時間在密閉的辦公室內工作，受到空間內空氣汙染，容易患得病態建築症候群（Sick Building Syndrome, SBS），不但使工作效率變差，甚至造成健康上的隱憂。建議這類族群可利用假日或休息時間，積極參與健康園藝的戶外活動，活動筋骨、呼吸大自然新鮮的空氣，減緩焦慮及工作壓力。合適的課程如步道導覽課程、森林或公園解說課程、農事體驗活動等。

　　在現今 21 世紀中，人類因為醫療與科技的進步，使得全球人口年齡結構發生改變，由過往的高出生率、高死亡率轉變為低出生率、低死亡率的現況，人口結構逐漸老化，整個社會趨於高齡化。臺灣的人口結構預估在 2025 年也將進入超高齡社會（65 歲以上人口占總人口數 20% 以上），老年照護變得更加重要。雖然目前 65 歲以上稱之為老年，但在整個老化人口結構裡，有高達 83% 以上的高齡者都屬於健康或亞健康的族群，他們尚有良好的體魄、思慮清楚，與過往我們認知的高齡者是一種負擔的觀念相距甚遠，因此如何幫助高齡者成功老化並且活躍老化，讓他們成為一種能量且老有所用，是未來照護的目標之一。

　　世界衛生組織（WHO）定義的「活躍老化」，可由高齡者個人的身心健康和獨立層面，擴展到參與和安全的層面，將參與、健康、安全視爲活躍老化政策架構的三大支柱。其實尚可增加第 4 個支柱，即提倡終身學習，並將其視爲邁向活躍老化的途徑之一。成功的老化對於整個社會有眾多好處，如延緩國民老化、減少醫療開銷；開發老年人力、社會參與自主；促進代間和諧、減少家庭衝突等。

　　高齡者雖然尚屬健康和亞健康族群，但由於身體機能的持續退化，部分過於激烈的活動無法進行，健康的園藝類型活動，如戶外導覽、靜態手作、健康飲食和綠色旅遊等，都屬於緩和且具持久性的活動，既能運動筋骨又可陶冶性情，也可獲得新的知識和技能，增強高齡者自身的自信心及自我肯定，因此健康的園藝活動是相當適合高齡者進行。

　　健康的園藝活動包括「導覽解說」、「園藝栽培」、「食農養生」、「花草藝術」、「樂活手作」、「綠色遊戲」和「綠色旅遊」等類型（詳第 5 章），是闔家大小都能夠一同參與的新生活運動，也是一種生活的態度。我們可以規劃一份專屬自己的健康園藝活動清單，透過五感體驗、創意與藝術的結合、文化歷史的薰陶、勞動的體驗、大自然的療育與植物訴說的智慧，可以讓我們的身心靈被好好照護，忙碌壓力得以紓解，獲得更有益的健康人生。

國家圖書館出版品預行編目資料

健康園藝學張育森, 吳俊偉, 雷家芸編著. --
初版. -- 臺北市：五南圖書出版股份有限
公司, 2021.08
　　面；　公分
　　ISBN 978-986-522-360-1（平裝）

1.園藝學

435　　　　　　　　　　　109018167

5N38

健康園藝學

作　　　者 ― 張育森、吳俊偉、雷家芸

發 行 人 ― 楊榮川

總 經 理 ― 楊士清

總 編 輯 ― 楊秀麗

主　　　編 ― 李貴年

責任編輯 ― 何富珊

封面設計 ― 王麗娟

出 版 者 ― 五南圖書出版股份有限公司

地　　　址：106台北市大安區和平東路二段339號4樓

電　　　話：(02)2705-5066　　傳　　真：(02)2706-6100

網　　　址：https://www.wunan.com.tw

電子郵件：wunan@wunan.com.tw

劃撥帳號：01068953

戶　　　名：五南圖書出版股份有限公司

法律顧問　林勝安律師事務所　林勝安律師

出版日期　2021年8月初版一刷

定　　　價　新臺幣390元

經典永恆・名著常在

五十週年的獻禮 —— 經典名著文庫

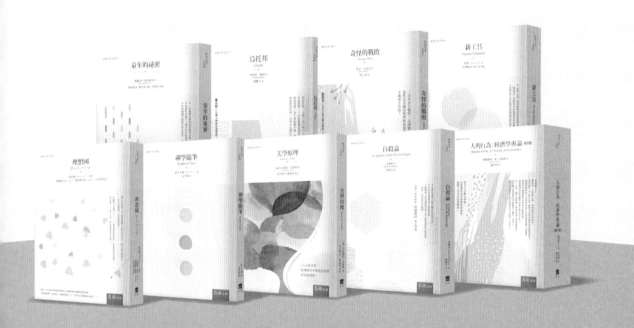

五南，五十年了，半個世紀，人生旅程的一大半，走過來了。

思索著，邁向百年的未來歷程，能為知識界、文化學術界作些什麼？

在速食文化的生態下，有什麼值得讓人雋永品味的？

歷代經典・當今名著，經過時間的洗禮，千錘百鍊，流傳至今，光芒耀人；

不僅使我們能領悟前人的智慧，同時也增深加廣我們思考的深度與視野。

我們決心投入巨資，有計畫的系統梳選，成立「經典名著文庫」，

希望收入古今中外思想性的、充滿睿智與獨見的經典、名著。

這是一項理想性的、永續性的巨大出版工程。

不在意讀者的眾寡，只考慮它的學術價值，力求完整展現先哲思想的軌跡；

為知識界開啟一片智慧之窗，營造一座百花綻放的世界文明公園，

任君遨遊、取菁吸蜜、嘉惠學子！